수학이 만만해지는 책

PLUSSEN EN MINNEN
by Stefan Buijsman

Nederlands letterenfonds dutch foundation for literature

This publication has been made possible with financial support from the Dutch Foundation for Literature.

이 책은 Dutch Foundation for Literature의 지원을 받아 번역되었습니다.

수학이 만만해지는 책

넷플릭스부터 구글 지도까지 수학으로 이루어진 세상의 발견

스테판 바위스만 지음 | 강희진 옮김

웅진 지식하우스

추천의 글

어려운 수학을 배워서 어디에 써먹을 수 있을까? 궁금하지 않은가? 그 답을 이야기해주는 책이 여기에 있다. 이 책은 우리가 쉽게 떠올릴 수 있을 만한 일상과 가까운 수학의 활용법으로 시작된다. 거대한 다리를 튼튼하게 설계하기 위해 미리 다리가 받는 힘을 계산하는 것부터 복잡한 세상의 면면을 단순한 지도로 표현하는 것까지, 수학이 거의 모든 곳에서 중요한 역할을 하고 있다는 점을 차근차근 보여준다. 요즘 모두가 눈여겨보는 유튜브의 추천 알고리듬이나 알파고 같은 인공지능 프로그램이 어떤 수학을 이용해 만들어지는지, 첨단기술에 얽힌 수학의 역할까지 망라한다.

뿐만 아니라, 이 책은 우리가 세상을 이해하는 방식에 관한 철학적인 문제가 어떻게 수학이라는 학문의 핵심을 이루는지 설명하면서 사색의 본질에 관해 생각하게 한다. 현대 과학기술 문명을 뒤덮고 있는 수학의 위력을 설명하는 데만 그치지 않고, 고대에서부터 이어진 철학자들의 여러 고민과 수학의 의미를 연결해나간다. 그렇게 수학으로 어제와 오늘, 내일을 이어가며 수학의 보다 깊은 의미를 밝혀보려는 책이다.

학교에서 문제 풀이만 하다 지친 사람에게도, 이제 막 친숙해진 수학의 다양한 면모를 알고 싶어 하는 사람에게도, 이 책은 수학이라는 세계를 보다 넓게 이해하는 데 도움을 줄 것이다.

- 곽재식(SF 소설가 겸 공학박사·『곽재식의 미래를 파는 상점』 저자)

이 책을 처음 보았을 때 수학철학자가 쓴 대중서라는 데 놀랐다. 수학철학 하면 수학의 본질에 관심을 두지 수학의 응용과 실체에 집중하는 경우는 드물 것이라는 생각 때문이었다. 궁금증을 풀기 위해 저자와 줌(ZOOM)으로 만나 대화해보았다. 화상으로 만난 바위스만 박사는 밝은 표정의 젊은이였고 이 책을 쓰게 된 동기와 경험을 생생하게 이야기해주었다. 현재 연구 중인 주제, 유아들이 수학적 사고를 습득하는 과정에 관해서도 말했는데, 그에 따르면 어린 아기도 일종의 덧셈 뺄셈을 할 줄 안다고 한다. 그는 철학적 인식론을 바탕으로 심리학과 뇌과학을 섞어가며 수학을 배우는 과정을 탐구하기도 하고 컴퓨터와 인공지능에도 관심이 많았다. 이러한 그의 학문적 성향과 지금의 연구, 폭넓은 관심사가 보통 사람들을 위한 수학책을 쓰려는 의지로 이어진 셈이다.

이 책의 근본 목적은 '수학의 굉장한 쓸모'를 설명하는 것이다. 저자는 물자의 분배, 문자메시지의 보안 장치 등에 쓰이는 수학을 쉽고 친절하게 알려준다. 나아가 수학의 기본 원리만 이해하면, 기괴한 모양의 건물이나 일기예보, 방대한 데이터에 근거한 설문조사 결과와 각종 예측치, 검색엔진과 인공지능 등을 훨씬 제대로 통찰할 수 있다고 말한다. 문득 궁금해져서 그에게 물었다. "이 책을 쓸 때 수학 철학자의 시각을 어떻게 활용했는가?" 그는 수학에만 몰입한 사람에 비해 수학의 작용을 넓은 시야로 관찰했기 때문에, 수학을 역사와 문화의 일부로 해석할 수 있었다고 답했다. 수학을 향한 광범위한 관점은 책 곳곳에 고스란히 담겨 있다.

수학의 정체를 묻는 자연스러운 질문으로 출발하는 저자의 탐구는, 수가 없는 세상, 수의 역사, 과학 속 수학, 최신 정보 이론을 관통하는 긴 이야기의 여정으로 이어지다가 수학적 사고의 효율성에 관한 정열적인 믿음으로 끝난다. 저자의 말처럼 '나날이 복잡해지는 요즘 같은 시대에 그 중심을 꿰뚫어보는 다재다능한 도구'가 바로 수학이다. 저자는 수학을 논리적 사고 체계만으로 해석하려는 여느 학자들과 대비되는 아주 참신한 관점을 부단히 제시한다. 현대와 현재를 이해하고 싶은 사람이라면 '일상이 수학이고 수학이 곧 일상'이라는 저자의 말에 쉽게 공감할 것이라고 믿는다.

- 김민형(워릭대학교 수학과 석좌교수·『수학이 필요한 순간』 저자)

수학 세계로 시간여행을 떠나는 기분이다. 인간이 삶의 난제에 부딪힐 때마다 수학이 어떻게 해결의 실마리를 건네주었는지를 흥미로운 사례로 쉽게 풀어낸다.

-《우리 시대의 물리학Physik in unserer Zeit》

젊은 나이에 수학계의 혜성처럼 등장했던 저자가 이번엔 '혜성 같은 신작'으로 또다시 우리를 놀라게 한다. 우리 일상 속에 숨은 신기하고 놀라운 수학에 관한 한 편의 즐거운 수다 같은 책.

-《데어 슈탄다르트Der Standard》

영리하고 기발한 머리를 지닌 저자를 보면 드라마 〈빅뱅 이론〉의 셸던 쿠퍼 박사가 절로 떠오른다. 그런 괴짜 수학자가 쓴 책답게, 수학을 향한 새롭고 독특한 아이디어가 곳곳에 서려 있다.

-《스벤스카 다그블라데트Svenska Dagbladet》

스테판 바위스만은 수학이라는 말만 들어도 몸서리를 치는 사람들에게 꼭 추천하고 싶은 작가다. 한번 읽고 나면, 수학을 원래 잘 알던 것처럼 남들에게 설명할 수 있을 정도로 쉽게 쓰인 책이다.

-《림뷔르흐의 목소리Het Belang van Limburg》

들어가며

우리는 이미
수학 속에서 살고 있다

시간을 잠시 거꾸로 돌려보겠다. 거기엔 수학 선생님을 멍하니 쳐다보고 있는 내가 있다. 칠판에는 뜻 모를 공식들이 빼곡히 적혀 있다. 그 옆으로 언덕 모양의 포물선을 그리는 그래프가 하나 보인다. 직선 몇 개가 포물선에 접해 있다. 입시를 준비하는 고등학생에게는 선택권이 없다. 공식과 그래프 그리고 그 속에 담긴 심오한 함수를 무조건 이해해야만 한다. 물론 전공하고 싶은 과목은 저마다 다르겠지만.

나는 천문학과가 목표였다. 당시에는 내가 천문학자가 되기엔 성질이 너무 급하다는 사실을 몰랐다. 만약 그때 나의 성마른 성미를 미리 알았다면, 나아가 지금 하는 일이 계산 작업과 거의 무관하다는 사실을 미리 알았다면, 아마 나는 분노에 찬 마음으로 구글 검색창에 "수학을 배워야 하는 이유"라고 입력했을 것이다.

수학의 효용을 묻는 나에게 구글은 몇 가지 링크를 던져준다. 어느 네덜란드 신문에 실린 기사를 클릭해보니 피타고라스의정리와 피자 자르기 같은 말들이 등장한다. 뭐, 이 정도면 수학을 배워야 하는 이유치고 꽤 구체적이다. 그러나 수학의 효용은 거기에서 그치지 않는다. 수학이 없었다면 구글 검색으로 원하는 답을 얻을 수조차 없었을 것이다. 내 질문과 무관한, 생뚱맞은 답변만 보고 있었을지도 모른다.

구글을 비롯한 검색엔진들은 수학을 적재적소에 영리하게 투입해 진가를 발휘한다. 컴퓨터가 기본적으로 0과 1이라는 수, 즉 이진법에 기초한다는 사실만 봐도 수학의 중요성을 알 수 있다. 구글이 입력된 검색어를 보고 제시할 답변을 결정할 때도 엄청난 양의 수학이 동원된다. 1998년에 세르게이 브린과 래리 페이지가 구글을 창립하고 새로운 검색 방식을 개발하기 전까지 포털 사이트의 검색창에 '빌 클린턴'을 치면 맨 위에 뜨는 결과는 클린턴의 사진이 포함된, 클린턴을 조롱하는 최신 유머 정도였다. 야후에서 '야후'를 검색해도 상단 10개 링크 안에 야후가 뜨지 않을 때가 있었다. 그러나 이제 더는 그런 일이 벌어지지 않는다. 왜? 수학 덕분에!

지금도 많은 이들이 내가 고등학교 시절에 느낀 것과 똑같은 의심을 품고 있다. '칠판 가득 적혀 있는, 내 머리로는 도저히 이해되지 않는 저 난해한 공식들이 살아가면서 과연 단 한 번이라도 필요할까?'라는 의심 말이다. 수학이라는 말만 들어도 머리가 지끈거리고,

복잡한 공식들을 애써 외워봤자 별 쓸모가 없다고 생각하는 사람들이 여전히 수두룩하다.

그러나 현실은 정반대다. 수학은 현대사회에서 우리가 상상할 수 없을 만큼 엄청난 역할을 하고 있다. 공식 뒤의 숨은 세계를 꿰뚫어 볼 능력을 갖추면 '흰 것은 칠판이요 검은 것은 숫자'라 여기는 이들보다 주변 세상을 더 깊이 있게 통찰할 수 있다. 구글의 정보 검색 방식을 조금만 이해해도 수학이 우리 일상에 얼마나 큰 긍정적 또는 부정적 영향을 끼치는지 알 수 있다. 다들 알다시피 구글, 페이스북, 트위터 같은 소셜미디어는 확증편향을 유발하는 부작용이 있으며, 요즘은 그야말로 수많은 가짜 뉴스가 판을 치는 시대다. 가짜 뉴스를 해명하고 잠재우려면 엄청난 시간과 노력을 쏟아야 한다. 사실 소셜미디어 자체에 가짜 뉴스를 부추기는 기능이 어느 정도 탑재되어 있기도 하다. 따라서 가짜 뉴스를 걸러내고 세상을 제대로 보려면 각종 인터넷 매체와 소셜미디어가 여론을 조장하는 메커니즘을 이해해야 한다. 일말의 부작용에도 불구하고 그것들이 좀체 변하지 않는 까닭을 알아야 하는 것이다.

나는 수학이 얼마나 쉽고 유용한 학문인지 확실히 보여주기 위해 이 책을 썼다. 고등학교를 졸업하고 얼마간 시간이 흐른 지금, 다행히 수학에 대한 이해도가 예전보다 조금 높아졌다. 그런 의미에서 나는 무엇보다 예전의 나와 대화를 나누고 싶다. 수학의 쓸모를 납득시키고 싶다. 수학 공식만 봐도 질색하는 사람, 수학 없는 세상을 꿈꾸는 사람들도 설득하고 싶다. 수학철학자가 된 이후 수학을 적용할 수 있는 분야에 관해 많이 생각했고, 수학이 얼마나 다양한 영역에서 큰 활약을 펼치는지도 자연스레 알게 되었다. 직업상 늘 계산을 해야 하는 사람에게나 그렇지 않은 사람에게나 수학은 매우 중요하다. 수학은 골치 아픈 공식으로만 가득한 학문이 아니다. 이 책에도 복잡한 수학 공식은 거의 등장하지 않는다. 물론 수학 공식은 특별한 무언가를 계산하는 데 유용한 도구이지만 종종 수학의 본질을 가려버릴 때도 많다.

이 책을 통해 수학의 다양한 분야와 그 뒤에 숨은 목적을 살펴보고, 수학이 얼마나 필요하고 쉬운 학문인지를 입증하고 싶다. 실제로 몇몇 수학 분야는 놀라우리만치 다양한 영역에 활용할 수 있다. 복잡한 공식을 일일이 이해하지 못해도 그 뒤에 숨은 원리를 꿰뚫어볼 수 있다. 그래프이론graph theory도 마찬가지다. 그래프이론은 구글에서 검색 결과를 정렬할 때도 활용되지만, 암세포가 특정 치료에 어떤 반응을 보일지 예측하거나 도심의 교통 흐름을 분석할 때도 동원된다.

통계나 미적분 등 이 책에서 소개하는 현대 수학의 여러 분야 또한 탁월한 쓸모를 자랑한다. 얼핏 듣기에는 복잡하지만 그 뒤에 숨은 아이디어가 황당할 만큼 단순한 경우도 많다. 고등학교 시절 수학 시간이 고역이었던 사람들이 상상하는 것보다 훨씬 활용도가 높다. 통계만 해도 그렇다. 우리는 거의 날마다 통계를 접한다. 뉴스에 등장하는 범죄율, 각종 경제지표, 정치인 지지도 같은 것들이 모두 통계를 이용해 뽑아낸 수치다. 다만 그 수치만 봐서는 뭘 어쩌라는 것인지, 대체 그 수치가 어떻게 나온 것인지 잘 모를 때가 많다. 통계의 위험성에 관한 경고도 이미 100년 전에 나왔다. 그 경고가 괜히 나온 게 아니라는 사실을 우리는 그 어느 때보다 뼈저리게 느끼고 있다.

미분과 적분도 그래프이론만큼 다재다능하다. 다방면에서 뛰어난 활약을 펼치고 있다. 산업혁명 이후 미적분은 증기기관의 효율 증대나 자율주행차 제작, 초고층 빌딩 건축 등에 활용되었다. 여러 수학 분야 중 가장 획기적인 역사를 써 내려간 것을 하나만 꼽으라면 미적분이 바로 그 주인공일 것이다.

현대 수학의 다양한 갈래를 거론하기에 앞서 일단은 시계를 거꾸로 돌려 '태초'로 가보는 게 좋겠다. 유구한 역사를 지닌 복잡하고도 유명한 공식이나 고대 수학자들의 이름을 줄줄이 읊어대려는 게 아니다. 인류의 역사를 그저 조금 들여다보자는 것뿐이다. 본디 인간은 꽤 많은 수학적 능력을 타고난다. 수학 교육을 전혀 받지 않은 우리 조상들이 살아남을 수 있었던 것도 그 덕분이다.

그러나 여럿이 모여 살면서부터 타고난 수학 실력만으로는 부족해졌다. 사회를 유지하기 위해 산술과 기하학에 눈길을 돌리게 된 것이다. 인류사가 그 사실을 증명해준다. 지금도 수학을 전혀 배우지 않고 살아가는 문화권이 없지는 않지만, 대개 '도시'라 부르기 힘들 만큼 작은 공동체에 불과하다. 집단의 규모가 일정 수준을 넘으면 공동체를 체계적으로 조직하고, 치안을 유지하고, 구성원들이 살 집을 짓고, 식료품 공급망을 구축해야 한다. 그럴 때 수학이 반드시 필요하다. 수학은 실생활 속의 여러 문제를 단순화하고 우리가 살고 있는 세계를 투명하게 관리할 수 있게 해주기 때문이다.

수학의 필요성을 실용적 관점으로만 바라봐서는 안 된다. 철학적 관점에서도 고찰해야 한다. 이 책에 철학적 질문이 자주 등장하는 이유도 그 때문이다. 지금 내가 하는 일이기도 하지만, 수학철학자들은 벌써 몇 세기 전부터 수학이 무엇이고 수학을 어떻게 활용할 수 있는지를 고민해왔다. 복잡한 공식과 골치 아픈 계산은 잠시 미뤄두고 오직 수학의 유용성만 골똘히 고민한 것이다. 개인적으로 수학철학자들이 그간의 노력을 바탕으로 수학의 가치에 관해 꽤 많은 답을 찾았다고 자부하지만, 솔직히 말해 아직 찾지 못한 답변도 많다.

모든 철학적 사유가 그렇듯 이 문제도 결국은 각자가 판단할 일이다. 수학에 관한 생각이나 수학을 정의하는 다양한 견해 중 가장 마음에 드는 것은 저마다 다를 수밖에 없다. 현재 수학이 활용되는 방식이 옳은지 그른지에 관한 판단도 각자의 몫이다. 예컨대 페이스북은 장점이 더 많을까, 단점이 더 많을까? 이런 의문에 대한 판단은 독자들 몫으로 남겨두겠다. 내 역할은 그저 수학이 페이스북에서 어떤 일들을 하는지, 이미 많은 이들에게 노출된 페이스북의 단점이 왜 여전히 존재하는지, 페이스북은 그토록 많은 수학적 개념을 활용하면서도 왜 단점을 쉽게 극복하지 못하는지를 알려주는 것, 딱 거기까지다!

차례

1장.

구글은 어떻게 가장 빠른 길을 알아낼까:

일상 속 수학 찾기

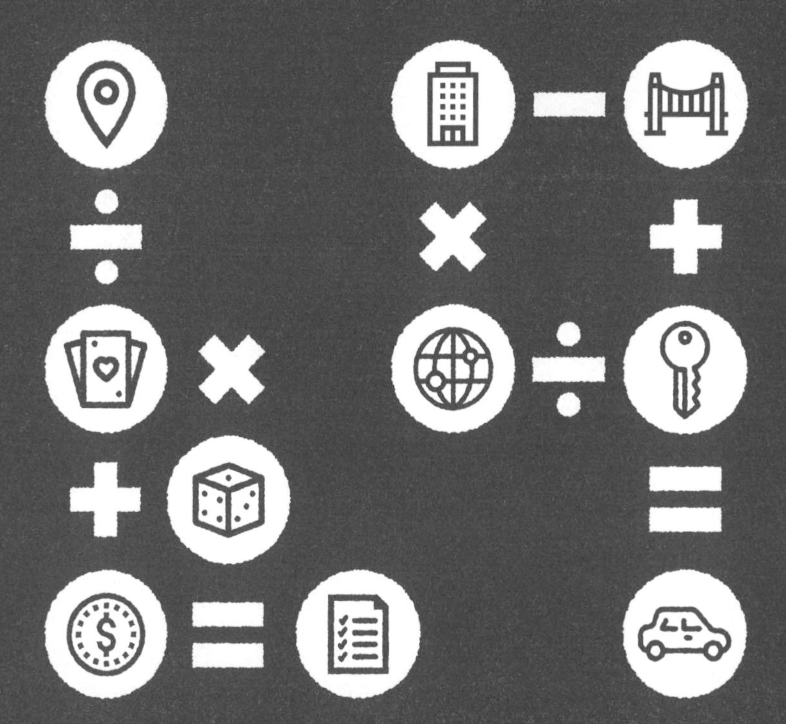

구글 지도로 길을 찾는 행위에는 수학에 대한 약간의 신뢰가 담겨 있다. 앱을 열어 목적지를 입력한 뒤 검색 버튼을 누르면 단 몇 초 만에 다양한 경로가 뜬다. 구글이 이 작업을 수행할 수 있는 이유는 수학을 영리하게 이용할 줄 알기 때문이다.

만약 지도 읽기에 천부적인 재능을 타고난 이들을 구글맵스에 투입한다면 어떤 상황이 벌어질까? 이용자가 출발지와 목적지를 입력할 때마다 그 전문가들이 수작업으로 길을 찾게 한다면 어떻게 될까? 시간이 훨씬 많이 걸리는 것은 물론이고 효율도 현저히 떨어질 것이다. 매우 비현실적이지만 일단 그 방법을 적용한다고 가정해보자. 그러면 구글맵스 직원들은, 자기 집에서 친구 집까지 걸리는 이동 시간이 얼마인지 궁금한 이들을 위해 비슷한 경로를 몇 번이나 검색할 것이다. 그러고는 나중을 대비해 그 경로들을 저장해놓겠지?

과연 그걸로 얼마나 큰 효과를 얻을 수 있을까? 대학생들이 기숙사에서 강의실까지의 경로를 검색하는 경우 등을 제외하면, 어떤 이가 나와 똑같은 출발 지점과 도착 지점을 선택할 가능성은 매우 낮다. 나야 친구 집으로 가는 길을 하루가 멀다 하고 검색하지만, 이웃들은 그곳이 어디인지 관심조차 없을뿐더러 그 위치를 구글 지도 검색창에 입력할 일이 평생 없을 것이다. 결국 구글은 사람들이 언제 어디로 이동할지 예측하지 못하며, 그 수많은 이동 경로를 전부 다 저장해둘 수도 없다. 누가 검색할 때마다 구글맵스 직원이 끊임없이 수작업으로 경로를 찾아줘야 하는 것이다. 문제는 시간이다. 만약 직원들의 지도 읽기 능력이 시원치 않다면 최적의 경로나 최단 경로를 찾을 때까지 기나긴 세월이 걸릴 수 있다.

노선도를 누비는 가상의 작은 열차

:

지도 읽기에 수학을 활용하는 이유가 바로 여기에 있다. 컴퓨터는 사람과는 다른 방식으로 이동 경로를 계산한다. 그러나 위성사진에 찍힌 길을 일일이 인식하거나 축척 눈금을 보고 거리를 읽어내지는 못한다. 컴퓨터 속 내비게이션 시스템은 세상을 수많은 직선으로 연결된 교차점의 집합으로 인식한다. 대체 무슨 말인가 싶겠지만, 인간도 이처럼 추상적이고 압축적인 방식을 활용할 때가 있다. 독일의

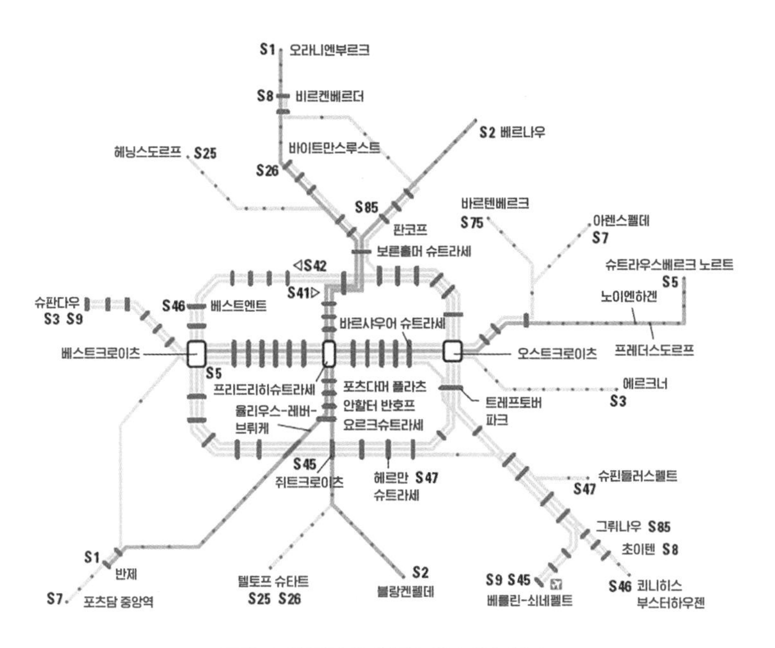

그림 1. 독일 베를린 도시고속철도 S반 노선도

도시고속철도 S반S-Bahn 노선도(〈그림 1〉)를 보면 무슨 말인지 선명히 와닿을 것이다.

구글 지도 속 컴퓨터 시각에서는 S반으로만 이동할 때 연산 시간이 가장 단축된다. 노선도가 컴퓨터의 작업 방식과 동일한 구조로 되어 있기 때문이다. 즉 컴퓨터가 가상의 작은 열차가 되어 각 지점 사이를 오가면서 검색자의 이동 경로를 찾는다. 유일한 문제는 컴퓨터가 노선도 전체를 한눈에 파악하지 못한다는 점이다. 만약 어떤 사람에게 이 노선도를 보여주며 안할터 반호프 역에서 슈트라우스베르크 노르트 역으로 이동하라고 하면 금세 경로를 결정할 수 있을 것이다. 목적지인 슈트라우스베르크 노르트로 가는 노선은 5호선(S5)이다. 출발지인 안할터 반호프를 경유하는 노선들 중에서 5호선과 교차하는 노선은 1, 2, 25, 26호선이고, 환승 지점은 안할터 반호프에서 북쪽으로 세 정거장 떨어진 프리드리히슈트라세 역이다. 최단 경로이자 최소 환승 경로는 아마도 안할터 반호프에서 1, 2, 25, 26호선 중 하나를 타고 프리드리히슈트라세까지 간 다음 슈트라우스베르크 노르트 방향의 5호선 열차로 갈아타는 게 될 것이다.

인간과 달리 컴퓨터는 훨씬 수고로운 과정을 거쳐 그 경로를 찾아낸다. 다시 말하지만 구글 지도를 돌리는 알고리듬은 노선도 전체를 꿰뚫어보지 못한다. 출발역과 도착역의 위치를 눈으로 재빨리 파악하지 못하는 것이다. 컴퓨터라는 가상의 작은 열차는 출발 지점에서 무작위로 아무 방향이나 고른 뒤 수많은 시행착오를 겪다가 비로소 목적지에 도착한다. 이번 역에서 다음 역까지 걸리는 시간도 알아야 한다. 그런데 우리 모두가 알고 있듯 전철 노선도에 표시된 거리와 실제 거리는 일치하지 않기 때문에 노선도만 봐서는 이동 시간을 정확히 예측할 수 없다. 〈그림 1〉에서도 노이엔하겐~프레더스도르프 구간이 바르샤우어 슈트라세~오스트크로이츠 구간보다 짧아 보이지만 실제로는 시간이 더 걸린다. 노선도에 표시된 거리를 덮어놓고 믿을 수는 없다는 뜻이다.

노선도상의 거리와 실제 거리의 차이에서 비롯된 문제점을 해결하려면 각 역마다 이동 시간을 표시해둬야 한다. 그 숫자들을 토대로 컴퓨터가 작업에 착수한다. 기본 사양의 내비게이션 시스템은 가능한 모든 경로를 시험한다. 첫 번째 경로는 아직 가지 않은 길들 중에서 가장 짧은 길이다. 좀 모호하게 들리겠지만 실제로 해보면 어렵지 않다. 안할터 반호프에 서 있는 컴퓨터라는 작은 열차는 우선 가장 가까운 역이 어딘지 검색한다. 요르크슈트라세 역까지 2분밖에 안 걸리니 일단 그리로 이동한다고 치자. 그런 다음 같은 라인을 타고 쥐트크로이츠로 갈 수도 있고 율리우스-레버-브뤼케로 갈 수도 있다. 그러나 컴퓨터는 가던 길을 되돌려 포츠다머 플라츠 방향으로 이동한다. 안할터 반호프에서 쥐트크로이츠나 율리우스-레버-브뤼케로 가는 것보다 구간이 더 짧기 때문이다. 그렇게 몇 구간을 이동한 뒤에는 또다시 다음 경로를 고민한다.

안할터 반호프에서 슈트라우스베르크 노르트까지 최단 경로로 이동할 경우 총 25개 역을 거쳐야 하고 70분이 소요된다. 이렇게 경로를 검색하면 훨씬 긴 시간이 필요하다. 고생도 이런 생고생이 없다. 컴퓨터는 아마 남쪽의 에르크너 역에도 들렀을 것이다. 거기까지는 56분밖에 걸리지 않기 때문이다. 북쪽의 아렌스펠데 역까지도 50분쯤 걸리니 거기도 들렀을 것이다. 그러다가 목적지에 도착한 다음부터는 어떤 길이 최단 경로인지를 기억할 테지만, 이 방법은 너무 비효율적으로 보인다. 사람이 육안과 본능적인 감각을 동원해 길을 찾는 편이 시간을 절약할 수 있지 않을까? 그러나 결론적으로 말하면 컴퓨터는 우리보다 빠르다. 우리보다 훨씬 빠른 속도로, 매초에 수많은 경로를 계산해내기 때문이다.

구글 지도도 이와 비슷한 방식으로 작동한다. 단, 구글 지도는 도시고속철도역을 건물이나 커다란 시설로 인식하지는 못한다. 도로와 도로가 만나는 모든 지점을 각각의 점으로 인식할 뿐이다. 고속도로 나들목이나 도심의 회전교차로도 마찬가지다. 그런데 고속도로와 좁은 찻길은 속도 면에서 엄청난 차이를 보인다. 따라서 전철 노선도에서 역마다 구간별 소요 시간을 표시해두듯, 구글 지도도 이동에 필요한 시간을 도로별로 기록한다. 시내 1~2차선 도로의 법정 주행 속도가 고속도로보다 훨씬 낮은 점을 감안하면, 좁은 도로들 옆에 표시되는 숫자는 커질 수밖에 없다. 나아가 이 숫자들은 특정 구간에 교통체증이 생길 때 소요 시간을 조정하는 기준이 되기도 한다. 예를 들어 상습 정체 구간은 구글맵스가 예상 소요 시간을 10분에서 20분으로 상향 조정 하는 식이다. 그러고 나서 경로를 다시 검색하면 정체로 인해 지연되는 시간이 검색 결과에 벌써 반영되어 있

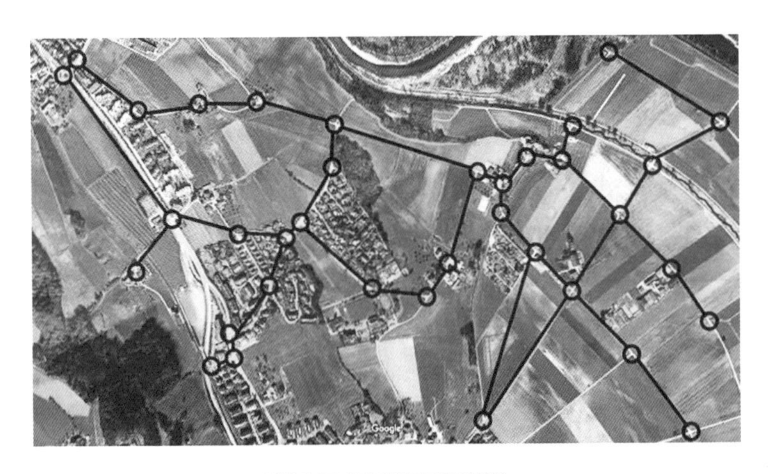

그림 2. 구글 지도의 도로망 인식법

다. 때로는 정체를 피해 다른 경로를 택하라고 권하기도 한다.

그러나 이 방법은 이동 구간이 짧을 때는 유용할지 몰라도 거리가 조금만 길어지면 효율이 급격히 떨어진다. 생각해보라. 뉴욕에서 시카고까지 자동차로 이동하면 대략 12시간이 걸리는데, 구글이 12시간 이내의 이동 경로를 전부 검색하고 있다면 기다리는 처지에서는 얼마나 속이 터지겠는가!

컴퓨터 계산은 정확하다는 장점은 있지만, 수많은 선택지를 단 몇 초 만에 전부 검토할 수 없다는 한계가 있다. 아무리 최신 사양의 컴퓨터라도 몇 초 만에 모든 작업을 끝내지는 못한다. 따라서 구글맵스는 검토 건수를 줄이기 위해 다양한 수학적 트릭을 활용한다. 지금까지 공공연하게 알려진 바로는 그러하다(정확히 어떤 방식을 활용하는지에 관한 공식 발표는 없었다). 그 트릭은 7장에서 자세히 다룰 예정이다.

이렇듯 컴퓨터가 이동 경로를 제안할 때는 꽤 많은 양의 수학이 동원된다. 하지만 그 연산 과정이 늘 인간의 능력보다 앞서는 것은 아니다. 목적지까지 가는 경로를 찾아 사방팔방 헤집고 다니는 과정을 상상하면 컴퓨터를 이용하는 편이 과연 더 효율적인지 의심이 들 정도다. 그런데도 수학이 생활 속의 많은 문제를 단순화해준다는 말을 믿을 수 있을까? 사람이 직접 할 때보다 훨씬 번거로운 과정을 거쳐야 정답을 찾아내는데? 그럼에도 불구하고 대답은 "그렇다"이다! 수학과 컴퓨터는 무수한 상황에서 해결책이 되어준다. 1초당 엄청난 양의 계산을 해낼 수 있기 때문에 최적의 경로를 사람보다 빨리 추출해낼 때가 더 많은 것이다.

넷플릭스가 '그 영화'를 추천한 이유

:

자, 구글 지도를 통해 어느 노선을 타고 이동해야 할지 알아냈다. 이제 플랫폼에 서서 열차를 기다린다. 기다리는 시간의 무료함을 달래기 위해 스마트폰으로 넷플릭스에 올라온 최신 영화와 시리즈물을 검색한다. 각 영화 옆에는 초록색으로 % 수치가 표시되어 있다. 내가 봤던 영화와 신작 영화의 유사도, 즉 시네매치CineMatch의 정도를 알려주는 수치다. 가끔은 넷플릭스가 완전히 빗나가기도 한다. 내가 좋아할 것 같다고 추천하기에 봤더니 시간만 버린 기분이랄까. 물론 그 수치를 철석같이 믿은 덕분에 내 취향과 딱 들어맞는 영화나 드라마를 즐길 때도 많다. 감상한 작품의 수가 쌓일 때마다 % 수치는 자동으로 달라진다. 영화의 '영' 자도, 드라마의 '드' 자도 모르지만 내가 어떤 영화를 좋아하고 어떤 드라마를 싫어하는지 훤히 꿰뚫는 컴퓨터 프로그램이 넷플릭스 어딘가에 숨어 있는 것이다.

넷플릭스는 그들이 보유한 데이터를 아주 적극적으로 활용한다. 이미 헤아릴 수 없이 많은 이들이 넷플릭스를 통해 다양한 콘텐츠를 감상하고 있으며, 넷플릭스는 그 모든 정보를 데이터베이스에 등록한다. 넷플릭스는 알고 있다. 당신이 무슨 영화와 드라마를 보았는지를! 내가 어떤 장르를 선호하는지도 알고 있다. 자연 다큐멘터리를 좋아하는지, 호러영화를 좋아하는지 또는 다른 장르를 좋아하는지 등을 손바닥 들여다보듯 훤히 꿰뚫고 있다. 넷플릭스는 자사 웹사이트에 올라와 있는 모든 영화를 카테고리별로 분류한다. 그 상태에서 내가 선호하는 장르와 넷플릭스에서 구분한 장르를 대조하여 내게 딱 맞는, 개인 맞춤형 추천작 목록을 작성한다. 공포물 마니아에게는 그 사람이 아직 보지 못한 호러영화를 추천해주는 식이다. 흠, 여기까지는 다들 이해했으리라 짐작한다.

넷플릭스가 그 밖에 또 어떤 작업을 하는지 들여다보자. 넷플릭스는 스릴러물 이외의 영화나 드라마에 대해서도 일치도를 산출해 공포물 팬들에게 추천한다. 내가 평소에 즐겨 보던 장르인 호러물과의 일치도를 수치로 표시해주는 것이다. 스릴 넘치는 짜릿한 어드벤처 영화가 있다고 해보자. 잔잔하고 감동적인 스토리를 선호하는 사람보다는 공포영화 팬들의 마음을 더 끌어당길 것이다. 예전에는 내 취향을 잘 아는 주변 사람들의 추천을 받아 영화를 봤다면, 지금은 넷플릭스가 그 일을 대신하고 있다. 물론 넷플릭스 추천작과 진정한 영화광, 영화 전문가들의 추천작 사이에 질적 차이가 클 수는 있다. 그래, 인정할 건 인정하자!

그런데 만약 내가 공포영화 중에서도 지나치게 잔인한 부류는 선호하지 않는다면 어떨까? 그렇다면 문제가 좀 복잡해진다. 유혈이 낭자한 호러물보다 스릴 넘치는 모험물이 내 취향에 더 맞지만, 모험물은 공포영화 장르에 포함되지 않기 때문이다. 실제로 장르만을 기준으로 고객의 취향을 저격할 작품 목록을 뽑아내기는 쉽지 않다. 장르보다 더 중요한 게 스토리 구성이기 때문이다. 그러나 컴퓨터는 스토리가 얼마나 탄탄한지 판단할 능력이 없다. 그런 의미에서 넷플릭스는 고객 한 명 한 명이 '픽pick' 하는 모든 영화와 시리즈물을 현미경처럼 들여다본 뒤 각 고객에게 적절한 영화를 추천해줄 직원을 고용해야 마땅하다. 하지만 넷플릭스 회원이 수백만에 달한다는 점을 감안하면 이 역시 물리적으로 불가능하다. 결국 컴퓨터가 추천 목록을 추출해내야 하는 것이다.

훌륭한 추천 목록이란 당연히 이용자의 마음을 사로잡아야 한다. 전 세계 수많은 이들이 넷플릭스를 통해 저마다 마음에 드는 영화와 드라마를 감상하고, 그러고는 그와 비슷한 작품들을 시청한다. 자, 여기 두 편의 영화가 있다. 첫 번째 영화를 꽤 많은 이들이 감상했고 그중 대다수가 두 번째 영화도 봤다면, 두 영화의 매칭 수준은 꽤 높다고 할 수 있다. 〈아이언맨〉을 본 뒤 〈아이언맨 2〉까지 본 사람의 수가 매우 많다면 그 둘의 매칭 수준은 아주 높은 편이다. 따라서 원작을 본 뒤 후속작을 아직 감상하지 않은 이용자들에게 〈아이언맨 2〉는 제법 괜찮은 추천작이 된다. 넷플릭스 이용자의 수가 많을수록 각 작품들에 대한 고객들의 선호도 예측은 더 정확해진다. 컴퓨터 프로그램이 더 광범위한 데이터를 바탕으로 나와 비슷한 취향의 이용자들이 감상한 작품들을 내게 추천해주기 때문이다.

그런데 이 방법은 한 가지 문제를 내포하고 있다. 넷플릭스는 수백만 회원들이 방대한 양의 영화와 드라마를 시청하는 플랫폼이다. 그것만으로도 추천 목록을 작성할 수는 있다. 같은 영화나 드라마를 본 고객들에게 동일한 작품 하나를 추천한 뒤 그중 몇 명이 해당 작품을 감상했는지만 확인하면 최상의 추천 목록이 나올 것이다. 문제는 그 데이터를 실제로 적용하는 과정에서 다양한 돌발 상황이 벌어질 수 있다는 점이다. 예를 들어 나와 똑같은 공포영화를 본 이용자들에 관한 정보를 수집했다고 치자. 그런데 만약 내가 공포영화만큼이나 다큐멘터리도 좋아한다면? 앞서 수집한 집단 중 나와 취향이 일치하는 사람의 수는 확 줄어든다. 나와 똑같은 공포영화를 봤을 뿐 아니라 똑같은 다큐멘터리까지 감상한 이들의 수는 상식적으로 생각해봐도 적을 수밖에 없다. 게다가 특정 작품을 시청한 회원의 수가 적을수록 추천 목록의 정확도는 떨어지기 마련이다. 얼핏 단순해 보였던 추천 목록 작성도 실제로 적용하는 과정에서는 이렇듯 문제가 발생할 수 있다.

이럴 때는 게시된 작품 전체를 일종의 지도로 전환하는 것이 좋다. 앞선 도시고속철도 노선도처럼 일종의 '작품 지도'을 만드는 것이다. 이때 모든 게시물은 하나의 점으로 간주된다. 넷플릭스라는 세상 속에서 각 작품이 하나의 전철역처럼 기능하는 셈이다. '넷플릭스 노선도'의 특정 전철역에 도달한 이용객은 언제든 다른 역으로 이동할 수 있다. 그러기 위해서는 먼저 인접한 2개의 역이 어디인지 살펴봐야 한다.

넷플릭스 노선도를 분석하려면 여기에도 숫자를 표시해줘야 한다. 물론 지도상의 숫자는 한 역에서 다음 역까지 걸리는 시간이 아니라 이 역에서 다음 역으로 이동한 사람들의 수, 다시 말해 서로 연결된 두 작품을 시청한 회원의 수다. 이를 도식으로 나타내면 〈그림 3〉과 같다. 그림 속의 숫자, 그러니까 연결된 두 영화를 모두 감상한 이들의 수는 가상의 수치다.

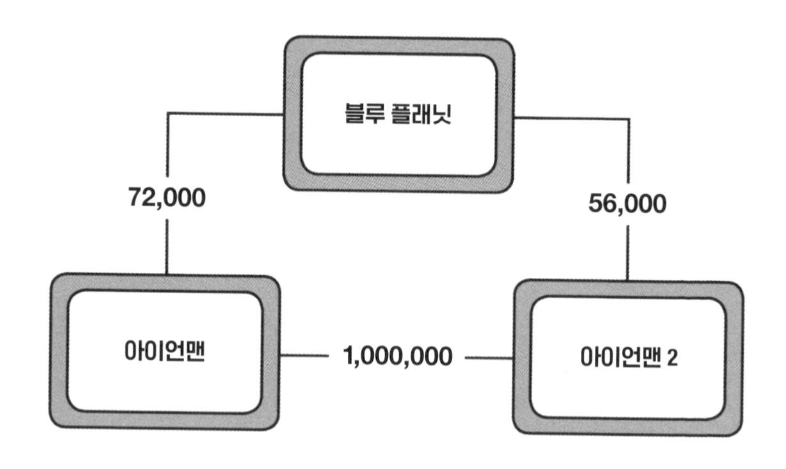

그림 3. 세 편의 영화로 축약한 넷플릭스 노선도

이 지도를 바탕으로 넷플릭스는 각 쌍의 작품들이 매칭되는 수준을 % 수치로 환산한다. 넷플릭스 이용자인 내가 좋아할 만한 영화를 최대한 정확히 알아맞혀야 하는 것이다. 예를 들어 내가 세 영화 중 〈아이언맨〉만 봤다고 가정해보자. 그러면 컴퓨터는 내가 〈아이언맨 2〉와 〈블루 플래닛〉을 얼마나 좋아할지 판단한다. 〈그림 3〉대로라면 〈아이언맨 2〉의 매칭 수준이 훨씬 높다. 나와 취향이 비슷한 이들 중 〈아이언맨 2〉까지 본 경우가 더 많기 때문이다. 반면 해양 다큐멘터리 영화 〈블루 플래닛〉은 수치가 낮을 것이다. 〈아이언맨〉과 〈블루 플래닛〉을 둘 다 시청한 사람의 수가 더 적기 때문이다. 〈아이언맨 2〉와 〈블루 플래닛〉을 본 사람들은 그보다도 적다. 따라서 〈블루 플래닛〉은 나와의 매칭 수준이 높게 나올 수 없다.

작업은 여기에서 끝나지 않는다. 컴퓨터는 나와 〈아이언맨 2〉의 매칭 수준을 다른 작품들에 대한 나의 선호도를 가늠할 때도 활용한다. 다른 작품들과 나와의 매칭 수준을 조금 더 정밀하게 조정하는 것이다. 작품이 단 세 편뿐일 때는 비교적 계산이 간단하지만, 만약 작품 수가 수천 개에 달한다면? 시간만 충분하다면 못할 일은 아니다. 수학 없이도 모든 작품을 하나씩 매치하면서 끙끙대다 보면 언젠가는 해답을 얻어낼 수 있다. 하지만 수학, 그중에서도 특히 7장에서 소개할 그래프이론에다 똘똘한 컴퓨터를 더하면 일은 훨씬 간단해진다. 실제로 넷플릭스도 수학을 이용해 어떤 작품이 누구에게 얼마나 만족스러울지를 완전히 자동화한 방식으로 도출해내고 있다.

모닝커피에서 해외여행까지, 어디에나 있는 수학

:

우리는 어디를 가든 매 순간 수학과 마주친다. 물론 글자 그대로의 수학을 말하는 것은 아니다. 직업상 늘 수학에 관해 생각하고 고민하는 나조차 연산 한번 하지 않고 지나가는 날이 더 많다. 이렇게 우리가 알아주지 않더라도 수학은 항상 '음지에서' 묵묵히 대활약을 펼치고 있다. 수학이 없었다면 길을 알려주는 구글 지도는 존재하지도 못했을 것이다. 넷플릭스는 작품을 무작위로 추천하고, 추천작에 대한 이용자들의 만족도는 형편없이 낮았을 것이다. 구글이라는 검색엔진도 지금처럼 원활히 돌아가지 않았을 것이다. 요컨대 우리가 매일 다양한 서비스를 이용하고 문명의 이기를 누릴 수 있는 이유는 우리 눈에 보이는 화려한 무대 뒤에 수학이라는 숨은 공로자가 버티고 있는 덕분이다.

넷플릭스, 구글 그리고 내비게이션 장비는 수학의 한 분야인 그래프이론에서 파생한 대표적인 서비스다. 수학의 어루만짐 덕분에 우리가 누리는 서비스는 여기에서 그치지 않는다. 스마트폰을 통해서 매일 각종 통계가 포함된 뉴스를 접하는 것도 수학 덕분이다. 선거를 앞두고 전국 지지율 현황을 파악하기 위해 실시하는 여론조사에도 수학의 입김이 닿아 있다.

그런데 그 여론조사 수치들을 덮어놓고 믿어도 될까? 완전히 빗나가는 경우도 많던데? 2016년 미국 대선만 봐도 그렇다. 수많은 여론조사 결과가 힐러리 클린턴의 대승을 예고했지만 최종적으로 백악관의 주인이 된 자는 도널드 트럼프였다. 통계는 언제든 여론을 호도할 수 있다. 그 뒤에 어떤 검은 의도나 조작 또는 오류가 똬리를 틀고 있을지 전혀 모르는 이들에게 통계수치는 맹신의 무덤일 뿐이다. 보기에 재미있을지는 몰라도, 빗나간 수치들이 우후죽순 난무하는 오늘날, 과연 통계를 어디까지 믿어야 할지는 분명 고민해봐야 할 지점이다.

한편 스마트폰으로 커피를 주문하는 것도 이제는 일상이 되었다. 바리스타는 아마도 스테인리스 재질의 거대한 에스프레소머신에서 내가 주문한 커피 한 잔을 뽑아낼 것이다. 해당 장비는 에스프레소에 딱 맞는 온도까지 물을 데울 것이다. 프리미엄 모델이라면 당연히 성능이 더 뛰어나다. 원하는 온도까지 아주 빠른 속도로 물을 데운 뒤 주어진 데이터를 바탕으로 물 온도를 조금 더 올릴지 내릴지를 계산하고, 완벽한 온도에 도달했을 때 비로소 커피를 추출할 것이다. 커피 마니아들도 잘 모르겠지만, 에스프레소 한 잔을 뽑아내는 기술 뒤에도 고등학교 시절 수학 선생님이 침 튀기며 가르치던 공식들이 웅크리고 있다.

커피가 배달되는 동안 뉴스나 훑어볼까? 어라? 정부에서 개혁안을 발표했군! 흠, 기존의 정책을 대대적으로 손보는 게 과연 옳은 일일까? 이 질문에 객관적인 답을 얻으려면 개혁안에 관해 각종 경제연구소에서 내놓은 전망을 살펴봐야 한다. 그 전망들을 제시하기 위해 연구소들은 수많은 항목을 평가하고 분석한다. 개중에는 개혁안을 밀어붙여야 내 주머니가 더 두둑해진다고 말하는 곳도 있다. 그 연구소에서는 우연히 지금 내 눈앞에 닥친 문제와 관련된 요인에 주목해 사안을 분석했을 수도 있고 아닐 수도 있다. 어느 쪽이든 그 분석 과정에도 엄청난 범위의 수학이 개입된다.

이렇듯 수학은 우리 삶에 지대한 영향력을 행사한다. 우리가 직접 계산을 하지는 않지만, 상상 가능한 각종 계산이 삶과 긴밀한 관계에 놓여 있는 것이다. 어떤 판단을 내리기 위해 우리가 검색하는 정보 또한 누군가의 피땀 어린 수학적 연구가 낳은 결과물이다. 검색 버튼을 누른 뒤 우리가 접하게 될 정보도 구글, 페이스북 등 웹사이트에서 정보를 필터링하는 방식에 따라 달라진다. 실생활과 밀접한 기술 분야에서도 수학의 활용도는 점점 높아지고 있다. 길모퉁이 카페에 놓인 최고급 커피머신, 우리를 멀리 떨어진 휴양지로 태워 나르는 비행기의 자동항법장치, 직장인들이 업무를 보느라 매일 사용하는 컴퓨터 등 모든 기술의 곳곳에 수학의 입김이 서려 있다. 오늘날 수학은 이렇듯 자신의 영역을 넓혀나가고 있으며, 이에 따라 수학과 수학이 우리 삶에 끼치는 영향을 알아야 할 필요성도 덩달아 높아지고 있다.

그렇다. 이제는 수학을 조금은 알고 살아야 하는 시대가 됐다. 그런데 수학이란 대체 무엇이고 언제 어디에서 어떤 식으로 작용할까? 이 철학적 질문은 플라톤과 소크라테스까지 거슬러 올라가야 할 만큼 뿌리가 깊다. 그 두 학자도 수학의 본질이 무엇인지 알고 싶어 했고, 수학을 통해 인류가 무엇을 더 배울 수 있는지 고민했다. 수학 자체를 좀 더 알고 고민하다 보면 수학이 충분히 실용적이라는 확신을 품게 될까? 어떻게 해야 수학을 향한 강력한 거부감을 이겨내고 수학이 매우 쓸모 있는 학문이라는 사실을 납득할 수 있을까? 흠, 아무래도 이 질문에 대한 답변을 찾으려면 결국 철학 쪽으로 고개를 살짝 돌려봐야 할 듯하다.

2장.

세상을 바꾼 위대한 발견: 수학적 접근법

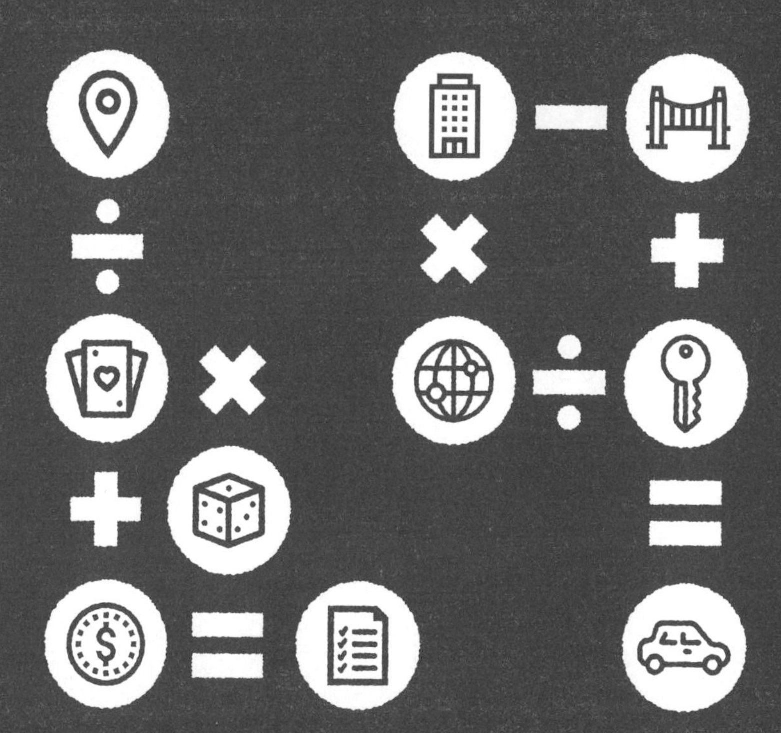

죄수 몇 명이 몸을 결박당한 채 벽 앞에 앉아 있다. 머리는 창이 없는 벽면을 향해 고정되어 있다. 게다가 죄수들은 어찌 된 일인지 태어날 때부터 갇혀 있던 터라, 벽에 비친 그림자가 진짜 현실이라 믿는다. 벽에 다가갈 수만 있다면 그림자 안으로 들어갈 수도 있다고 믿는다. 벽에 비친 그림자 외에 또 다른 세계가 있다는 사실은 상상조차 하지 못한다. 죄수들에게는 그 그림자만이 유일한 세상이다.

플라톤의 동굴의 비유는 대충 이렇게 시작한다. 이 비유를 통해 플라톤은 인간이 동굴에 갇힌 죄수와 같다고 했다. 현상계, 즉 우리가 사는 세상 속에서 우리가 눈으로 보는 것들이 감방 안 죄수들이 보는 그림자에 지나지 않는다는 것이다. 그림자를 만들어내는 본래의 세계, 다시 말해 이데아idea는 결코 직접 보지 못한다. 어떤 이는 이렇게 반박할지도 모른다. “아닌데? 난 탁자 앞에 앉아 있고 내 눈엔 탁자가 보이는데?”

그러나 플라톤은 우리가 보는 그 탁자가 결국 벽에 비친 그림자라고 생각했다. 그는 눈에 보이는 탁자에는 관심이 없었다. 오히려 추상적인 무언가가 세상의 모든 ‘탁자’, 즉 진짜 세계인 이데아를 서로 연결한다고 봤으며, 눈앞에 왜 다른 탁자가 아니라 하필이면 바로 그 탁자가 놓여 있는지를 알고 싶어 했다. 우리는 그 추상적인 무언가의 정체를 정확히 알아낼 수 없다. 우리를 둘러싸고 있는 모든 탁자를 볼 수 없기 때문에 벽에 어른거리는 탁자 그림자가 진짜 세계라고 믿을 수밖에 없다. 그게 플라톤의 생각이었다.

플라톤은 수학을 열심히 탐구했으며, 수학 역시 무언가를 통합하는 추상적인 힘 중 하나로 여겼다. 플라톤에게 숫자는 동굴 맞은편 벽에 그림자를 비추는 실체였다. 우리는 그 숫자를 직접적으로 볼 수는 없다. 손으로 숫자를 잡을 수도 없고, 스마트폰만 들여다보며 걷다가 숫자에 걸려 넘어질 일도 없다. 물론 ‘2’라고 특정 숫자를 표기할 수는 있다. 그렇지만 내가 종이 위에 ‘태양’이라 적는다고 해서 그게 실제 태양이 아니듯, 종이 위에 적힌 ‘2’라는 숫자 또한 그 숫자의 실체는 아니다. 허상에 불과한 것이다. 플라톤에 따르면 우리를 둘러싼 공간은 그림자로 채워진 공간일 뿐이며, 실체적 숫자들은 우리가 볼 수 없는 어디엔가 존재하는 것들이다.

여기까지 이해했다면 이제 본격적으로 수학을 철학적 관점에서 생각해보자. 우리는 가끔 숫자와 씨름한다. 1+1=2라는 공식과 마주칠 때도 있다. '마주쳤다'는 말은 실제로 그 공식이 존재한다는 뜻이다. 그러나 그 공식이 존재하는 방식은 우리 눈앞에 탁자 하나가 존재하는 방식과는 다르다. 플라톤은 이 공식이 탁자보다 더 현실적이라고 생각했다. 실체적 사물보다 추상적 지식에 더 큰 의미를 부여했기 때문이다. 이에 따라 플라톤은 인간의 눈으로 볼 수 있는 사물, 주변에 놓여 있는 물건을 그림자로 규정했으며, 숫자는 인간의 세계가 아닌 또 다른 우주 어느 곳을 부유하는 어떤 것이라고 믿었다. 지금 보면 '너무 나간' 생각 같긴 하다. 하지만 숫자는 그림자 같은 허상이 아니라 실재하는 실체라는 플라톤의 믿음은 인류에게 크나큰 영향을 주었다. 최소한 '플라톤주의'라는 용어를 탄생시킬 만큼의 영향력은 발휘했다.

어쩌면 수학도 플라톤주의의 한 갈래가 아닐까? 꽤 논리적이고 합리적인 의심 같다. 고등학교 때 수학 선생님도 비슷한 말을 했다. "너희들, 수학이 눈에 안 보이니까 중요하지 않은 거 같지? 천만의 말씀! 수학이야말로 나중에 살아갈 때 제일 필요한 거야!" 눈에 보이고 손에 잡히는 세계, 즉 현상계를 연구하는 물리학자들과 달리 수학자들은 대개 수학이 눈에 보이지 않는 곳에서 작용하는 중대한 힘이라는 전제에서 출발한다. 그렇게 생각하면 수학이 실생활과 거리가 멀어 보이는 게 사실이다. 수학의 'ㅅ'만 봐도 넌덜머리가 난다는 사람들이 많은 것도 납득이 간다. 수학의 'ㅅ' 자도 모르는 상태에서 내 눈에 보이는 세계가 아닌, 또 다른 우주에 존재하는 무엇을 발견해야 하는 게 수학의 본질이라면 그럴 수도 있다는 뜻이다.

플라톤의 정사각형 문제

:

그렇다면 볼 수도, 만질 수도, 냄새를 맡을 수도, 어떤 감각을 동원해도 인지할 수 없는 세상의 본질은 어떻게 꿰뚫어볼 수 있을까? 플라톤과 플라톤주의자들은 수학이 인간의 실제 삶 속 모든 것과 완전히 분리되어 있다고 주장했던 것 같은데? 아니야, 어쩌면 100% 분리된 것은 아닐지도 몰라!

그렇다. 플라톤은 실제로 우리 눈으로 볼 수 없는 수학을 만날 방법을 연구했고 그와 관련된 비유도 소개했다. 플라톤과 플라톤 친구의 집에서 일하던 하인 사이의 일화가 있다. 그 하인은 고등교육은 커녕 학교 앞에도 가본 적이 없었다. 어느 날 플라톤이 그 하인에게 문제를 하나 냈다. 모래 위에 그려져 있는 정사각형(〈그림 1〉의 회색 정사각형)보다 면적이 딱 두 배 넓은 정사각형을 그려보라는 문제였다. 단, 측정 도구는 일절 사용하지 않고서. 쉽지 않은 과제였다. 가로 변과 세로 변의 길이를 두 배씩 늘여서 커다란 정사각형을 만들면 그 정사각형의 면적은 본래 정사각형 면적의 네 배가 되어버렸다. 자 없이 본래 정사각형 면적의 딱 두 배에 해당하는 정사각형을 그리기는 쉽지 않았다.

그러자 플라톤은 소크라테스로 빙의하며 난제를 풀고 있던 하인에게 여러 가지 질문을 던졌다. 이 문제를 해결할 열쇠는 본래 정사각형의 대각선에 있다는 사실을 하인이 깨닫게끔 단계별로 다가가는 식이었다. 과정은 간단했다. 회색 정사각형의 가로 변과 세로 변을 각기 두 배씩 늘이면 〈그림 1〉에서 보듯 본래 정사각형보다 네 배 큰 정사각형이 된다. 플라톤이 낸 문제는 본래 정사각형 면적의 두 배에 해당하는 정사각형을 그리라는 것이었다. 그러려면 먼저 본래 정사각형 면적의 절반만 취해야 한다. 자, 답이 거의 나왔다. 면적을 정확히 반으로 쪼개는 도구는? 그렇다, 대각선이다! 대각선이 사각형의 면적을 딱 절반으로 나눠주기 때문이다. 여기서 분할된 작은 삼각형 4개의 면적을 합하면? 빙고! 본래 정사각형 면적의 딱 두 배에 해당하는 정사각형이 나온다.

이 일화에서 플라톤은 소크라테스의 입을 빌려 학생에게 질문 형식으로 여러 힌트를 주고, 학생은 질문이 하나씩 더해질 때마다 스스로 두 배 면적의 정사각형을 구하는 방법에 다가간다. 플라톤은 이 방법을 통해 학생이 벌써 답을 알고 있었다는 사실을 보여주려 했다. 소크라테스, 다시 말해 플라톤은 학생이 정답을 '기억해내는'

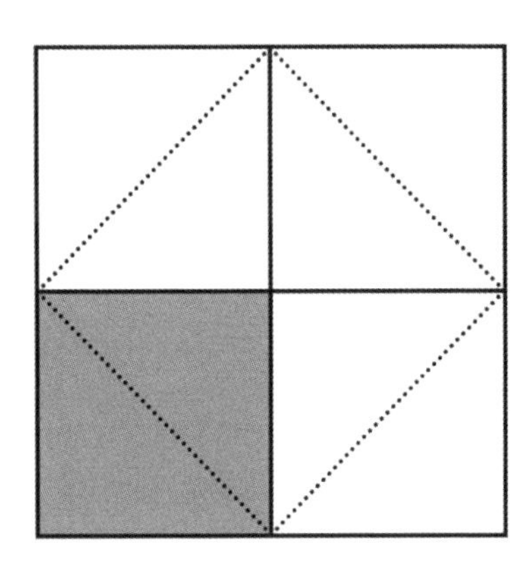

그림 1. 회색 정사각형 면적의 두 배에 해당하는 정사각형을 그리는 법

과정을 도와줬을 뿐이라는 뜻이다. 플라톤의 이론이 그것이다. 수학에 관해 알아야 할 모든 사실을 우리는 전생에 벌써 배웠고, 이번 생에서는 학습한 내용을 기억만 하면 된다는 것이다. 그 지식이 우리 머릿속 어딘가, 잠재의식 속 어딘가에 분명 저장되어 있으니 그걸 꺼내기만 하면 된다는 것, 결국 수학은 기억력의 문제라는 것이다.

너무 억지를 부리는 것 같다고? 짝짝짝, 옳소! 나도 동의한다. 수학이 전생의 기억력을 떠올리는 학문이라는 주장은 터무니없다. 소크라테스로 빙의한 플라톤이 사기를 쳤기 때문이다. 플라톤은 처음부터 모래밭에 답을 그려놓은 것이나 마찬가지였다. 그런 다음 학생이 대각선이 핵심이라는 사실을 깨달을 때까지 '예/아니요' 질문만 던졌다. 플라톤은 학생이 오로지 혼자 힘으로 머릿속 전구에 불을 켰다고 우겼지만, 실은 교사가 질문을 통해 한 단계 한 단계 정답에 다가가게 만들었다. 그래놓고선 별안간 그 학생이 전생에 알고 있던 내용을 기억해낸 것이라고 주장했다. 그 말이 맞으려면 최소한 전생에 그 학생은 수학 천재였다는 뜻인데, 과연 그랬을까?

플라톤의 주장이 헛소리라면, 우리는 수학의 세계를 과연 어떻게 들여다볼 수 있을까? 아쉽지만 그 비법은 아직 밝혀지지 않았다. 수학이 실제 세상에 존재하는 숫자들로 구성된 학문이라고 주장하는 사람은 많지만 그들도 저마다 말이 다르다. 그중 누구의 말이 진실인지 확인할 길도 없다. 물론 그 학자들은 모두 수학이 누구나 학습할 수 있는 학문이라 말한다. 우리만 해도 방금 대각선을 이용하여 본래 면적의 두 배에 해당하는 정사각형 그리는 법을 쉽게 배웠으니 일리는 있는 말이다. 수학을 포기한 이들도 숫자 정도는 안다. 문제는 눈에 보이지 않는 추상적인 수학 세계를 어떻게 이해시키느냐는 것이다. 그 방법은 플라톤주의자들도 아직 찾지 못했다.

어쩌면 수학의 세계가 납득하기 힘들고 추상적이라는 것을 굳이 고민해야 할 필요조차 없는 것 아닐까? 우리가 플라톤은 아니잖은가? 그 시절에는 수많은 수학자들이 플라톤과 비슷한 말을 했고 오늘날의 수학자들도 비슷한 주장을 하지만, 그래서 어쩌라고? 우리가 그 사람들 말을 전적으로 믿어야 할 이유는 없다. 수학의 심오한 세계를 고민할 필요가 전혀 없다고 말하는 철학자들도 얼마나 많은데! 그래, 동굴이 됐든 감방이 됐든 그 안에 있는 사람들이 뭘 하든 내 알 바 아니잖아? 차라리 셜록 홈스에 관해서나 알아보는 게 낫지!

1 더하기 1은 2가 아닐 수도 있다

:

셜록 홈스는 영국 런던 베이커가 221b번지에 산다. 지금도 관람객들에게 열려 있는 집이다. 다들 알다시피 실제로 홈스가 그 집에 살지는 않았다. 셜록 홈스는 어디까지나 허구의 인물이니까. 홈스는 책, 영화, 드라마 시리즈로 나올 만큼 대중에게 큰 사랑을 받은 인물이며 어느 누구도 "셜록 홈스가 진짜 런던의 그 집에 살았다고? 그럴 리가 없잖아?"라고 반문하지 않는다. 책이든 영화든 드라마든 홈스가 주인공인 작품 속에서 홈스는 런던 시민이다. 그러나 런던의 그 주소지에 셜록 홈스라는 인물이 실제로 거주한 날은 단 하루도 없다. 그래도 모두들 홈스가 그곳에 살았으리라 생각한다. 실제인지 허구인지를 아예 따지지 않는다. 수학에도 이런 관점으로 접근해보면 어떨까?

수학도 표면적으로는 숫자나 공식을 둘러싼 추상적 학문의 영역에 속하고, 플라톤이 상상했던 세계와 비슷한 구조를 지녔다. 플라톤의 세계는 논리 정연한 구조로 연결되어 있고 그 안에서는 아무것도 변화하지 않는다. 그런데 플라톤의 실재론實在論, realism과 대립하는 유명론唯名論, nominalism을 신봉하는 이들은 수학이 셜록 홈스 시리즈와 마찬가지로 허구에 지나지 않는다고 주장한다. 수학이 어느 다른 계界에 존재하는 본질이 아니라 벽에 비친 허상에 지나지 않는다는 것이다. 수많은 수학자들이 숫자나 삼각형 등에 관해 얘기하지만, 겉으로 드러나는 형상이 아닌 수학의 진짜 본질은 과연 어디에 존재할까? 우리는 눈에 보이는 것만이, 우리 주변에 널려 있는 것만이 존재의 본질이라 생각한다. 눈으로 볼 수 없는 허공 어딘가에 숫자들이 둥둥 떠다니는 현상계 따위는 존재하지 않는다고 생각한다.

정리해보자. 플라톤에 따르면 우리는 수학적인 어떤 것을 찾아냈다고 믿지만, 어쩌면 찾아낼 수 있는 것 자체가 존재하지 않을 수도 있다. 다시 말해 우리가 수학이라고 믿는 그것들, 수학을 구성한다고 믿는 그것들이 결국 허상에 지나지 않을 수도 있다는 뜻이다. 그런데 아무래도 이상하다. 수학이 애초부터 존재하지 않는 허상이라고? 숫자나 삼각형 등 그 모든 것이 허구라고? 잠깐! 3은 소수素數야, 그렇지? 그리고 1에 1을 더하면 2야. 적어도 내가 알기로는 그래. 그런데 플라톤은 그게 진실이 아니라고 말하잖아? 그렇다면 숫자 자체가 이미 허상이니 1+1=2도 진실일 수 없잖아? 셜록 홈스가 런던에 살았다는 게 허구이듯 1+1=2도 새빨간 거짓말이라잖아?

만약 진짜로 그렇다면, 왜 우리는 수학 선생님들한테 그따위 거짓말로 우리를 현혹하지 말라고 따지지 못한 거지? 그 이유는 분명하다. 왜냐하면 수학은 진실이거든! 유명론자들도 납득할 수밖에 없는 진실이거든!

다시 셜록 홈스로 돌아가보자. 셜록 홈스에 관해 앞에서 말한 내용 중에는 진실이 다분히 포함되어 있다. 아시다시피 셜록 홈스는 내가 창조한 인물이 아니다. 난 어디까지나 아서 코넌 도일이 쓴 책에 나온 내용을 말했을 뿐이다. 만약 내가 셜록 홈스가 알래스카 주민이었다고 주장한다면 많은 이들이 나를 놀려댔겠지? 코넌 도일의 책에 나온 셜록 홈스에 관한 내용과 내 말이 일치하지 않는다며, 온갖 증거를 코앞에 들이밀면서 책 좀 읽으라고도 충고했겠지? 오케이, 이해한다. 셜록 홈스를 창조한 코넌 도일이 홈스가 런던 시민이라고 못 박아두었으니까. 수학도 그렇게 돌아간다. 누가 1+1=3이라 주장하면 반박과 비난이 물밀 듯 쏟아질 것이다. 1+1=3이 '수학이라는 작가'가 쓴 책과 일치하지 않기 때문이다.

자, 마음을 누그러뜨리고 지금까지의 상황을 종합해보자. 우리는 아직도 수학이 정확히 무슨 말을 하는지, 어떻게 돌아가는지 잘 모른다. 수학이 우리 머리로는 도저히 이해되지 않는 심오하고 추상적인 세계에 실재하는지, 또는 그 모든 것이 어쩌다 우리 머릿속에 똬리를 튼 허상인지 아직도 잘 모른다. 왜 그럴까? 그건 바로 실재론자뿐 아니라 유명론자도 수학의 본질을 꿰뚫을 수 있는 비책을 아직 찾지 못했기 때문이다.

플라톤은 아마 수학이라는 실제 세계와 조우하는 방법을 찾지 못해서 괴로웠을 것이다. 만약 수학이 실재하는 세계가 아니라 셜록 홈스처럼 허구의 세계였다면 고민할 필요도 없었다. 홈스의 세계는 간단하다. 코넌 도일의 책을 읽으면 홈스의 세계 속으로 빠져들 수 있다. 독자들은 책을 읽으며 홈스라는 탐정의 실체를 점점 더 많이 알게 된다. 수학이라는 세계는 그보다는 이해하기가 조금 더 어렵다. 수학 세계, 수학이라는 스토리가 홈스 이야기보다는 조금 더 복잡하고 특별하기 때문이다. 이렇게 주장하는 이유는 수학 세계를 우리가 살고 있는 진짜 세계, 진짜 이야기라고 믿기 때문이다. 셜록 홈스 시리즈를 읽으면서 '아냐, 이건 어디까지나 허구에 불과해!'라고 되뇌는 사람이 몇이나 될까? 아마 많지는 않을 것이다. 수학도 결국 홈스 이야기처럼 허구일지 모른다고 추론할 수는 있다. 그러나 인류는 분명 수학이라는 학문 분야를 발달시켰고 수학을 신뢰한다. 이 현상은 어떻게 설명할까? 수학이 완전한 허구라면 왜 그토록 많은 이들이 수학의 가치를 그토록 높이 평가하는 것일까? 유명론자들은 아직도 이 질문에 속 시원한 답을 내놓지 못했다.

수학의 본질을 둘러싼 일장연설은 이쯤에서 일단 접겠다. 수학철학자들이 떠안고 있는 문제로 독자들까지 골머리를 앓게 하고 싶진 않다. 난 그저 수학을 바라보는 철학적 관점 중 두 가지 정도만 살짝 맛보게 해주고 싶었을 뿐이다. 실재론자와 유명론자의 관점 사이에 정확히 어떤 차이가 있는지는 중요하지 않다. 그보다는 양쪽 모두 수학의 원리를 찾아내고, 우리가 수학을 접하는 과정에서 정확히 어떤 일이 일어나는지를 설명하려고 노력 중이라는 점이 중요하다.

그런 의미에서 두 가지만 기억하면 된다. 플라톤주의자, 즉 실재론자들은 수학을 알면 추상적인 것으로 가득한 세계를 경험할 수 있다고 말한다. 반면 유명론자들은 그 허구의 세계는 본래부터 존재하지 않는 세계, 우리 머릿속에서 만들어낸 세계라고 말한다. 수학은 눈에 보이지는 않지만 실재하는 세계일까 아니면 애초부터 존재하지 않는 허구의 세계일까? 그렇다, 둘의 차이는 이 정도다. 여기까지 이해했다면 오케이! 둘 중 어느 쪽이 더 옳은지는 잘 모르더라도 일단은 합격!

떨어진 사과가 만유인력의 상징이 되기까지

:

견해가 다른 수학철학자들 간의 다툼은 수학이 어마어마하게 추상적인 세계라는 사실을 더 또렷이 드러낼 뿐이다. 그런 논쟁들을 지켜보다 보면 학창 시절 '대체 이걸 내가 왜 배우고 있지?'라는 의문을 품은 게 아주 자연스러운 현상이었다는 생각이 든다. 수학은 우리의 삶, 우리가 살고 있는 세상과 아무런 관련이 없는 듯이 보인다.

수학이 구체적 실체와의 접점이 하나도 없는 추상적 세계라고 생각하든, 누가 멋들어지게 쓴 허구의 장편소설이라고 생각하든 결과는 매한가지다. 존재하지 않는 건 존재하지 않는 것이요, 소설은 어디까지나 소설일 뿐이니까.

그런데 잠깐! 멋진 풍광을 감상하거나 자연을 체험할 때마다 셜록 홈스 이야기를 떠올려야 할까? 그렇지 않다. 그렇다면 왜 우리가 살아가는 데 수학이 필요하지? 왜 다들 그렇게 말하지? 왜 나를 둘러싼 세상에 관해 더 많이 알고 싶을 때 실재적 세계가 아닌 수학이라는 추상적 세계를 먼저 알아야 하지?

수학이 세상을 더 깊이 이해하는 데 도움이 된다는 사실은 벌써 여러 차례 강조했다. 내가 굳이 목청을 높이지 않아도 모두가 받아들이고 있는 기정사실이다. 1장에서 이미 몇 가지 사례를 확인했다. 수학은 무엇보다 풀이 과정을 단순화해준다는 장점이 있다. 추상적 학문이라는 점이 유용할 때도 많다. 도움의 범위는 일상생활에 그치지 않는다. 수백 년 동안 수많은 학자들이 새로운 것을 발명할 때, 새로운 깨달음을 얻을 때 수학을 활용해왔다. 1장에 소개한 사례들만 봐도 수학은 우리가 흔히 착각하는 것보다 훨씬 영리한 학문이라는 사실을 알 수 있다. 위대한 학문적 발견의 과정을 들여다보면 수학의 위엄을 더욱 절실하게 느낄 수 있다. 어떤 사례를 들어야 그 사실을 쉽게 납득할 수 있을까? 흠, 아이작 뉴턴에서 시작해볼까?

흑사병이 유행하던 시기, 어느 날 시골 마을 사과나무 아래에서 쉬고 있던 뉴턴의 머리 위로 사과 한 알이 떨어졌다. 이에 뉴턴은 "바로 이거야! 이게 바로 중력이야!"라며 쾌재를 불렀다. 전해 내려오는 얘기에 따르면 대충 그랬다고 한다. 그 과일이 사과였는지 아닌지는 알 수 없지만, 만유인력을 발견한 뉴턴의 업적이 획기적이었던 것만큼은 틀림없다. 인류가 탄생한 이래 최초로, 물체가 땅으로 떨어지는 원리를 해석했고 이로써 행성과 별의 움직임을 설명하는 게 가능해졌기 때문이다. 그다음부터는 다들 알고 있는 그대로다. 뉴턴의 발상은 그야말로 반짝반짝 빛을 발했다. 서로 무관한 두 사건을 억지로 끌어다 이은 허황된 이론이 아니었다.

사실 만유인력으로 별의 움직임을 설명한 사람은 뉴턴이 아니라 뉴턴과 같은 시대를 살았던 다른 학자들이었다. 뉴턴은 중력이 두 물체 사이의 거리에 따라 달라지는 힘이자 그 두 물체를 마치 마법처럼 서로 끌어당기게 만드는 힘이라고 믿었다. 그즈음 많은 학자들이 집중적으로 파고든 화두는 '충돌'이었다. 세상 모든 물체들 간의 접촉으로 인해 각종 사건이 벌어진다고 믿었기 때문이다. 터무니없는 생각은 아니었다. 두 물체가 서로 가까이 다가가지 않으면 영향을 주고받을 수 없으니 말이다. 만약 지구가 태양을 향해 다가가지 않았다면 태양의 존재나 태양의 인력에 관해 알 길이 없었을 것이다. 지금은 아인슈타인 덕분에 그보다는 좀 더 합리적인 의문을 제기하고 더 학술적인 답변을 제시할 수 있지만, 뉴턴이 만유인력을 발견한 시절은 아인슈타인이 태어나기도 전이었다. 행성의 움직임을 해석한 유명한 수학책이 있긴 했지만 그 또한 정확성을 보장하지는 못했다.

그럼에도 뉴턴의 주장은 대부분 옳았다. 현대 과학기술은 우리를 둘러싼 세상이 대체로 뉴턴이 예고한 대로 돌아간다는 사실을 증명했다. 그러나 살아생전 뉴턴은 자신의 주장이 최고의 이론임을 확신할 수 없었다. 그의 주장과 동시대 학자들의 주장 사이에 차이가 있었기 때문이다. 당시 학자들과 뉴턴의 의견 차는 수치로 따지자면 넉넉잡아도 4%밖에 되지 않았다. 그러나 뉴턴은 지구를 제외한 다른 행성들에도 적용할 수 있어야 비로소 올바른 이론, 더 아름다운 이론이라고 믿었다. 나아가 그 이론이 물리학적으로 단순할 뿐 아니라 수학적으로도 덜 복잡할 것이라 믿었다.

세월이 흐른 뒤 놀라운 일이 일어났다. 물리학자들이 뉴턴의 이론을 검증하기 시작한 것이다. 지금은 뉴턴 이론의 오차율이 0.0001%도 안 된다는 사실이 밝혀졌다. 뉴턴이 활용한 장비와는 비교도 되지 않는 최첨단 장비들을 동원해 알아낸 결과다. 뉴턴은 몰랐겠지만, 수학적으로 아름다운 이론을 개발하겠다는 그의 야심은 더 위대한 성과로 이어졌다. 수학적으로 증명된 전제들을 이용한 뉴턴의 이론은 그야말로 훌륭했다. 영국 어느 시골 마을 사과나무 아래에 앉아 있다가 우연히 발견한 이론이 아니었던 것이다.

여기까지 듣고도 이렇게 반박하는 독자들이 있을지 모르겠다. “그건 어디까지나 우연일 뿐이야! 이름 없이 사라져간 수많은 학자들에 비해 뉴턴이 운이 좋았던 건 사실이잖아?” 실제로 천운이 따랐거나 우연의 일치였을 수도 있다. 그러나 학문의 역사를 되돌아보면 이런 우연은 아주 많다. 그 모든 위대한 발견이 정말 다 우연이었을까?

우리가 지금 알고 있는 태양계의 모형, 태양이 중앙에 있고 지구가 그 주위를 도는 모형은 코페르니쿠스가 제시한 것이다. 간단하면서도 우아한 수학을 활용해 만들어낸 코페르니쿠스의 태양계 모델은 지구가 중앙에 있고 태양이 그 주위를 도는 기존의 모델보다 더 아름다웠다. 학술적 관점에서 더 아름다웠다는 뜻이다. 태양이 중심에 놓인 코페르니쿠스의 모델은 지구 중심 모델보다 검증하기가 힘들었다. 그럼에도 코페르니쿠스는 진실에 아주 가까이 다가갔다. 지구가 태양 주변을 돈다는 사실을 발견한 것만으로도 이미 대대손손 박수를 받아 마땅하다. 문제가 있다면 지구의 궤도가 완벽한 원이라는 그의 가정과 달리 지구는 타원형으로 공전한다는 것이었다. 태양 중심 모형이 수학적·학술적으로 더 간단하고 완벽한 모형인 건 틀림없었지만 실제로 검증해내고 동시대 학자들을 납득시키기에는 지구 중심 모형이 한결 쉬웠다. 그렇지만 이제 우리는 알고 있다. 우아하고 아름다우면서도 간단한 이론이 더 나은 이론, 우리를 정답에 더 가까이 다가가게 해주는 이론이라는 사실을!

폴 디랙Paul Dirac의 사례는 더더욱 놀랍다. 20세기 초, 디랙은 양자역학을 열심히 파고 있었다. 디랙의 목표는 뉴턴이 만유인력의 법칙을 증명할 때처럼 다양한 물리학적 현상을 하나의 동일한 이론으로 설명해내는 것이었다. 디랙이 활용한 열쇠도 수학이었다. 그는 동시대 학자들의 눈에 아름다워 보이는 수학적 모델을 이용해 당시 모두가 궁금해하던 현상들의 비밀을 풀고자 했다.

그런 디랙 앞에 한 가지 걸림돌이 나타났다. 적당한 수학적 모델을 찾아내기는 했지만, 그 모델로 연구를 계속하다 보니 자꾸만 납득할 수 없는 결과가 나왔다. 디랙은 본래부터 전자electron, 즉 원자atom 주변을 빙빙 도는 소립자에 관심이 많았다. 그 무렵 물리학자들은 이미 전자에 관해 꽤 많이 알고 있었고, 디랙이 개발한 수학 공식도 당시 학자들의 지식과 대부분 일치했다. 문제는 디랙이 새로 개발한 공식의 정당성을 입증하려면 전자와는 정반대 위치에 놓인 입자가 하나 필요하다는 것이었다. 그 입자의 존재는 아직 밝혀지지 않았고 추정할 근거조차 없었다. 그러나 디랙은 결국 자신의 수학 모델로 미지의 신대륙을 개척했다.

지금 되돌아보면 그건 정말이지 학술계의 신대륙이나 다름없었다. 그러나 20세기 초반 디랙이 자신과 의견이 다른 동시대 물리학자들을 납득시키기까지는 꽤 오랜 시간이 필요했다. 처음에 디랙은 전자의 정반대에 위치한 그 미지의 입자가 양성자proton일 거라 생각했다. 다른 학자들도 양성자에 관해 알고 있었다. 음전하를 띤 전자와 달리 양성자는 양전하를 띤다는 사실을 말이다. 그러나 양성자라고 단정하기에는 찜찜한 구석이 있었다. 양성자는 질량이 전자보다 더 무거워서 전자의 맞수가 될 수 없기 때문이다. 이에 디랙은 그때까지 알려지지 않은 어떤 소립자, 이른바 양전자positron 또는 반전자antielectron로 불리는 새로운 소립자의 존재를 의심하기 시작했다.

이전까지 어떤 발견도 그 정도의 파장을 일으키진 않았다. 적어도 이 책에 지금까지 소개한 사례들 중에는 없다. 디랙의 연구는 수학의 도움으로 복잡한 문제를 그저 단순하게 바꾼 것도, 무언가를 예측하게 해준 것도 아니다. 지금껏 어느 누구도 몰랐던, 아무도 감히 예상조차 하지 못했던 완전히 새로운 영역을 개척한 경우였다. 그 시대 학자들은 디랙이 세상을 향해 툭 내던진 새로운 소립자를 앞다투어 찾기 시작했다. 왜냐고? 디랙이 내놓은 수학 공식이 몹시도 우아하고 아름다웠으니까!

디랙의 전략은 통했다. 미국의 물리학자 칼 데이비드 앤더슨Carl David Anderson은 디랙의 발표 직후 양전자가 실제로 존재한다는 사실을 입증했으며, 그로부터 2년이 채 지나지 않은 1936년에 노벨상까지 받았다. 양전자는 전자와 정반대에 위치한 물질인 동시에 인류가 최초로 발견한 반물질입자antimatter-particle고, 이 발견은 수학이 올린 쾌거 중 하나였다.

빛의 비밀을 푼 프레넬의 이상한 연산값

:

물리학 분야로 눈길을 돌리면 '이걸로 대체 무엇을 증명할 수 있을까?'하고 의심스러웠던 수학 이론이 실제 자연현상과 일치한 놀라운 사례를 더 많이 찾을 수 있다. 1823년께 빛의 움직임을 고민했던 프랑스의 물리학자 오귀스탱 프레넬Augustin Fresnel도 우아하고 아름다운 수학 이론으로 자연현상을 설명했다. 프레넬은 거울에 비친 빛 등 다양한 빛의 활동 뒤에 숨은 비밀을 수학을 통해 풀고자 했다. 그런데 거울에 비친 빛이 어느 쪽으로 굴절될지 어떻게 예측할 수 있을까?

독자들은 벌써 답을 알고 있을 듯하다. 그렇다, 거울 표면에서 들어간 빛은 들어갈 때와 같은 각도로 반사된다. 입사각과 반사각이 정확히 일치하는 것이다. 예를 들어 내가 거울 바로 앞에 정면으로 서면 거울에 내 모습이 정확히 비친다. 그렇지만 비스듬한 위치에 섰을 때는 내가 나를 볼 수 없다. 그 대신 거울과 내가 이루는 각도와 정확히 반대되는 위치에 놓여 있는 사람이나 사물이 눈에 들어온다. 거울은 반사율이 아주 높은 매질이기 때문에 이 경우는 예측하기가 꽤 쉬운 편이다.

그러나 프레넬은 거울 실험에 만족할 정도로 야심이 작은 학자가 아니었다. 프레넬은 물속의 빛이 공중에 비칠 때 또는 공기 중의 빛이 투명 유리에 비칠 때 어떤 일이 일어나는지도 알고 싶었다. 이를 위해 프레넬은 새로운 수학 공식 하나를 고안했다. 여기까지만 들어도 왠지 거울 사례보다 훨씬 복잡할 것 같은 불안감이 들 테지만 안심하시길! 듣고 보면 거울 사례보다 아주 조금 복잡할 뿐이니까. 프레넬은 단 하나의 기호만 추가했다. 그 결과는 수학계가 남긴 또 다른 쾌거였다. 그러나 거기에도 문제가 하나 있었다. 예상과 다른, 납득하기 힘든 무언가가 관찰된 것이다.

프레넬은 자신이 찾아낸 방정식을 대입해 빛이 꺾이는 각도를 여러 차례 계산했다. 그런데 도저히 불가능한 굴절값이 나왔다. 하기야 수학은 시쳇말로 숫자 놀음일 뿐이고, 그런 만큼 현실과 완벽하게 들어맞지 않을 때도 있다. 그래도 수치들은 반드시 필요하다. 현실과 늘 일치하기 때문이 아니라 연산 과정을 단순화해주기 때문이다. 다시 말해 수학 공식을 풀어서 나온 값이 반드시 현실과 일치한다는 보장은 없다. 물론 프레넬로서는 그 믿기지 않는 현실을 받아들이고 싶지 않았을 것이다. 각고의 노력 끝에 탄생한 연구 결과가 현실적으로 불가능하다는 사실 앞에서 완전한 패닉에 빠졌으리라.

그러나 프레넬은 자신이 개발한 멋진 방정식을 홧김에 내팽개치는 대신, 의뭉스럽기 짝이 없는 연산 결과가 분명 옳을 것이라고 확신하는 편을 택했다. 그 결과, 도저히 불가능한 결론으로 이어지는 자신의 방정식이 옳았으며, 실제로 빛이 아주 특별한 현상을 보인다는 사실을 확인했다. 빛의 활동은 프레넬의 방정식과 한 치의 오차도 없이 일치했다. 프레넬의 방정식에 따른 연산 결과가 불가능한 현실이 아니었던 것이다.

물속의 빛은 거울에 비친 빛과 마찬가지로 완벽하게 반사되었다. 프레넬은 이제껏 어떤 물리학자도 고민하지 않았던, 하지만 물리학적 지식이 없어도 누구나 알고 있던 현상을 학문적으로 설명했다. 〈그림 2〉를 보면 물속의 물체가 수면에 그대로 반사된다는 사실을 알 수 있다. 프레넬은 자신이 고안한 방정식을 통해 신기하고도 이상한 수치, 즉 반사율을 계산해냈다. 이 또한 우아하고 아름다운 수학 공식의 정당성을 입증하는 하나의 사례, 수상쩍은 연산 결과로 학자들이 무심하게 지나쳤던 현상 속 비밀을 풀어낸 사례다.

이렇듯 수학은 다양한 방식으로 자신의 효용을 뽐낸다. 문제 해

그림 2. 수면에 반사된 거북의 모습

결 과정을 단순화하는가 하면 물리학자들이 새로운 이론을 발견하게 해준다. 실제로 학자들 중에는 연산값이 이상해 보여도 우아하고 아름다운 수식을 향한 확고한 믿음을 저버리지 않아 큰 성공을 거둔 경우가 많다. 자신이 채택한 수학 공식의 타당성을 뒷받침하는 증거가 하나도 없을 때조차 그들은 수식에 대한 믿음을 내팽개치지 않았다. 그 덕분에 학계에 금자탑을 쌓아 올린 사례가 지금도 잊을 만하면 한 번씩 우리 앞에 현실로 나타나고 있다.

물론 그것이 매번 긍정적인 결과로 이어지지는 않는다. 수식이 아름답든 추하든 쓸모없는 연구 결과로 전락한 일도 부지기수다. 그러나 그 반대의 경우, 나중에야 아름다운 수식을 향한 믿음이 실제 현상을 이해하기 위한 올바른 접근법이었음을 증명한 경우도 적지 않다. 수학적 접근법을 따른 학자들 대다수는 자신이 원하는 답을 찾아냈다. 어느 학문 분야에서 어떤 수식을 활용했는지는 중요치 않다. 위대한 학문적 업적을 일궈낸 주역들조차 자신이 채택한 수식이 왜 현상과 일치하는지 수수께끼라고 말하는 경우도 많다. 자, 비록 손에 잡히는 증거는 없어도 이제 수학이 다양한 관점에서, 수많은 분야에서 유용하다는 말에 고개를 살짝 끄덕일 만한 정도는 되었다. 그러나 궁금증은 여전히 남는다. 수학이 왜 이렇게 우리 삶에, 나아가 학문 분야에 큰 도움이 될까?

플라톤의 추상적 세계로 되돌아가보자. 그 세계는 우리 현실과는 무한히 동떨어져 있다. 그 세계 속의 숫자들은 실제 우리 삶과 큰 관계가 없다. 물리학자들이 설명하려는 세계도 숫자의 세계와 거리가 멀다. 그 말은 곧 세상에서 일어나는 각종 현상을 예측 가능하게 하는 수학 공식들이 우리네 세상에서 비롯된 게 아니라 무無에서 왔다는 뜻이다. 정말? 그게 사실이라면 수학은 어떻게 우리가 살고 있는 세상에 관해 이렇게 많이 알고 있지?

셜록 홈스 얘기를 끌어와도 그 답을 거뜬히 찾아내진 못하겠다. 소설은 플라톤이 말하는 이데아와 분명 다르지만, 어디까지나 허구의 세계에 불과하기 때문이다. 그러나 뉴턴이 장차 자신의 가설이 중력을 이해하는 데 얼마나 큰 도움이 될지 모르는 상태에서 새로운 수학 분야를 개척했다는 점을 떠올려보자. 디랙의 방정식도 양전자의 존재가 알려지기 전에 먼저 등장했다. 코넌 도일이 묘사한 런던의 풍경 또한 실제 모습보다는 상상력이 더 많이 가미되었다. 그런데 셜록 홈스 이야기에 등장하는 런던의 모습은 신기하게도 시간이 흘러 변모한 런던의 모습과 거의 일치했다. 그렇다, 바로 그거다!

온갖 의심에도 불구하고 수학이 잘 돌아가는 비밀은 바로 거기에 숨어 있다. 수학의 효용을 입증하는 사례는 밤새워 나열해도 끝이 없을 것이다. 그중 몇몇은 뒤에서 소개할 예정이다. 특히 우리 일상에 직접적인 영향을 끼치는 사례를 집중적으로 거론할까 한다. 그런데 여전히 한 가지 의문이 남는다. 우리는 수학 뒤에 숨은 원리를 잘 모르는데도 어떻게 수학은 우리 삶에 그토록 막대한 영향력을 행사할 수 있을까? 어떻게 그런 일이 가능할까? 이 수학철학적 질문은 마지막 장에서 더 자세히 다뤄보기로 하자.

어차피 수학이 왜 효용이 높은 학문인지는 이 책의 핵심 주제가 아니다. 수학을 철학적 관점에서 고찰하기 시작한 이래 수학의 신묘한 효용을 둘러싼 의문이 내 호기심 한구석을 조심스레 노크했을 뿐이다. 이 질문은 대개 수학이 유용한 학문이라는 확신이 들고, 그래서 수학에 관심을 더 많이 쏟은 뒤에야 등장한다. 수학이 우리 삶에 강한 입김을 불어넣고 있다는 사실조차 모른다면 그런 호기심이 싹틀 리도 없다. 아무것도 몰랐던 고등학교 시절의 나처럼 "이렇게나 골치 아픈 수학을 왜 배워야 하지? 수학 없이도 잘만 살아갈 수 있잖아?"라며 인상을 찌푸릴 수 있다. 흠, 과연 그럴까? 정말 수학 없이도 잘 살 수 있을까? 어쩌면 세상 어딘가에는 그렇게 살아가는 사람들도 있지 않을까?

3장.

우리에게는 수학의 피가 흐르고 있다:
수의 인식

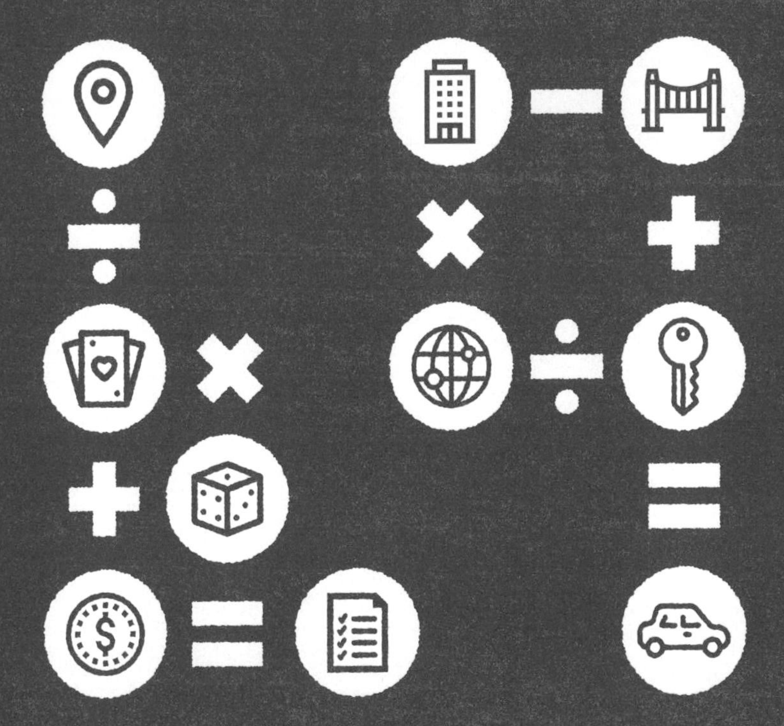

하늘이 눈부시게 파란 어느 날, 브라질 상인 한 명이 배를 타고 마이시강江 위를 지난다. 아마존 밀림 한가운데에 위치한 강이다. 강의 양옆에는 외부 세계와의 접촉이 거의 없는 부족이 살고 있다. 상인은 해마다 그곳을 찾는다. 되도록 많은 양의 브라질너트와 고무, 그 밖의 자연산 상품을 구하기 위해서다. 상인의 배에는 꽤 많은 양의 위스키와 담배가 실려 있다. 물물교환용 물건들이다.

피라항족族과의 거래는 생각만큼 녹록지 않다. 피라항족은 200년째 물물교환을 통해 상거래를 하고 있지만, 지금도 할 줄 아는 포르투갈어는 단 몇 마디뿐이다. 다행히 그 정도만으로도 거래가 가능하다. 몇 마디 주고받지 않아도 다른 곳에서는 감히 엄두를 내지 못할 만큼 싼 가격에 값비싼 브라질너트와 고무를 손에 넣을 수 있다. 뭐,

가격은 그때그때 심하게 요동친다. 양동이 가득 담긴 견과류를 담배 한 개비에 내줄 때도 있고, 너트 한 줌에 담배 한 갑을 달라고 요구할 때도 있다. 흥정 과정은 단순한 편이다. 피라항족은 손가락으로 배 위에 실린 물건을 계속 가리키고, 물건을 싣고 간 상인은 "에이, 그래도 그건 너무하잖아요?"라고 항의하며 가격을 조율하는 식이다.

피라항족의 사고방식은 외지 상인들과 아예 다르다. 브라질 상인들은 자신이 가져온 담배와 위스키로 이번에는 얼마만큼의 너트와 고무를 받아낼 수 있을지 몰라 가슴 졸이지만, 피라항족은 '얼마'를 고민하지 않는다. 숫자가 없기 때문이다! 숫자도 없는 판에 정해진 가격 따위가 있을 리는 더더욱 만무하다. 자신들의 물건에 일정한 가격을 매길 필요성도 느끼지 못한다. 눈앞에 현물이 있는데 가격이 왜 필요하냐는 식이다. 둘 중 누가 더 양심적이고 공정할까? 물건의 실제 가치보다 조금이라도 대가를 덜 지불하려고 안달이 난 쪽은 피라항족일까, 브라질 상인들일까? 답은 모두들 짐작하는 그대로다.

피라항족과 몇 년을 함께한 학자가 한 명 있다. 미국의 언어학자 대니얼 에버렛Daniel Everett 교수로, 자신의 모국어와 흔히들 배우는 외국어를 비롯해 피라항어까지 구사한다. 에버렛은 피라항어에 숫자를 가리키는 말이 없다는 사실을 알고 충격에 빠졌다. 어쩌다 '아주 많은 양'이라는 말을 할 때는 있지만 '하나'라는 단어는 없다. '빨갛다'라는 표현도 없고 과거완료형 같은 문법도 존재하지 않는다. 피라항족은 숫자 없이 살아가는 지구상의 몇 안 되는 부족 중 하나인 것이다. 피라항어에는 선이나 각도 등 기하학적 형태를 묘사하는 단어도 없는데, 이 또한 극소수의 희귀어에서만 발견되는 특징이다. 숫자 없이 살아가는 원주민의 생활 방식을 탐구하는 것은 인류의 오랜 역사를 되돌아볼 수 있는 소중한 기회다. 수학이 등장한 지는 고작해야 5000년밖에 안 되니까.

숫자를 사용하는 우리 같은 사람들과 피라항족의 차이는 클 수밖에 없다. 피라항족은 물건의 가격이나 현재 시각에 전혀 관심이 없다. 지금 주머니에 있는 돈으로 앞으로 몇 달을 버틸 수 있을지에도 관심이 없다. 돈 자체가 없다. 모든 거래는 물물교환으로 이뤄진다. 마을 사람들 모두가 서로 알고 지낼 만큼 작은 집단이라 가능한 일일 것이다. 게다가 피라항족은 지금 살아 있는 사람만 중요하게 여긴다. 족보 같은 건 존재하지 않으며, 수명이 다 되어 세상을 떠난 사람들은 죽음과 동시에 주민들의 기억 밖으로 사라진다. 피라항족의 삶은 이렇듯 철저히 현재를 중심으로 돌아간다.

수학과는 무관하다고 해도 무방한 삶이다. 에버렛은 피라항족의 요청을 받아 한동안 부족민들에게 포르투갈어로 수학을 가르쳤지만 끝내 포기하고 말았다. 그는 여덟 달 동안 원주민들에게 숫자와 도형을 가르쳤다. 수업 시간에 내주는 과제라고는 직선이나 곡선 그리기, 1부터 5까지 순서대로 나열하기 정도였다. 하지만 여덟 달이 지나도록 부족민들은 수학의 '수'조차 배우지 못했다.

머리가 나빠서라기보다 애초에 외부에서 흘러들어온 생소한 지식에 관심이 없는 듯했다. 피라항족은 어떤 질문에 정답이 있다고 여기지도 않았다. 수학 문제에는 정답이 있고 오답이 있다고 아무리 설명해도 듣는 둥 마는 둥 하다가 종이 위에 아무 숫자나 마음 가는 대로 끼적일 뿐이었다. 분명 수학을 가르치고 있건만, 그들은 수학과는 전혀 무관한 잡담, 어제 넌 뭘 했고 오늘 난 뭘 했는지 같은 이야기로 수업 시간을 때우곤 했다. 직선 2개를 연달아 그려보라는 요구에도 다들 힘들어했다.

문득 우리도 별로 다를 바 없다는 생각이 든다. 수학 시간을 힘들어하는 건 마찬가지 아닌가! 어쩌면 피라항족이 더 나을 수도 있다. 최소한 그들은 자발적으로 수업에 참가했으니 말이다. 물론 피라항족이 수학이 재미있어서 기꺼이 수업을 들은 건 아니었다. 대부분은 수업 시간마다 에버렛이 튀겨주는 팝콘을 먹거나 친구들과 수다 떠는 걸 좋아했다. 사실 이 또한 나와 비슷하다. 내가 교실 밖으로 뛰쳐나오지 않고 얌전히 앉아 있었던 이유도 수학이 재미있어서라기보다 다른 여러 이유 때문이었으니까.

숫자 없이 수를 세는 사람들

:

전 세계를 통틀어 수학 없이 살아가는 문화권은 극소수에 불과하다. 피라항족 외에 파푸아뉴기니에도 수학 없이 잘만 살아가는 몇몇 소수 부족이 있다. 다만 피라항족만큼 극단적이지는 않다. 숫자를 가리키는 단어조차 없다는 건 아주 예외적인 사례다.

파푸아뉴기니의 뉴기니섬 동쪽에 위치한 작은 섬 노먼비에는 로보다족族이 살고 있다. 로보다족은 신체 기관을 이용해 숫자를 센다. 예를 들어 숫자 6을 가리키는 로보다어는 오른손 손가락 전체와 왼손 손가락 하나다. 우리 눈에는 꽤 번거로워 보이는 셈법이다. 숫자가 있는 문명권에서는 굳이 손가락 발가락을 동원할 필요가 없다. 물건을 살 때 우리는 가격부터 따진다. 숫자를 사용하는 사회에서는 보통 모든 물건에 수치로 된 가격을 매기기 때문이다.

로보다족에게도 돈 개념은 있다. 정확하게 말하면 유로화처럼 환전 가능한 동전과 지폐가 있다. 그러나 로보다족끼리는 돈을 주고받지 않는다. 경조사 때도 마찬가지다. 어느 집에서 잔치를 치를 경우 로보다족은 돈 대신에 선물을 가져가고, 나중에 정확히 똑같은 양의 똑같은 현물을 돌려받는다. 우리 집 잔치에 온 이웃이 내게 참마 한 바구니를 선물했다면, 이웃집에서 잔치를 열 때 나도 참마 한 바구니를 가져가야 하는 것이다. 현금이나 참마 한 바구니에 맞먹는 다른 물건을 가져가는 일은 상상도 할 수 없다. 정확히 내가 받은 그것을, 정확히 내가 받은 양만큼, 즉 참마 한 바구니를 가져가야 한다.

그런데 잠깐, '똑같은 양'이라고? 그 말을 듣자마자 나는 참마의 개수부터 떠올렸지만 로보다족은 그러지 않는다. 그들은 이웃이 준 바구니 안에 참마가 몇 개 들어 있는지 절대로 세지 않는다. 눈대중으로 한 바구니 가득인지, 반 바구니만 찼는지 확인하는 정도다. 당연히 받은 양과 돌려주는 양이 정확하게 일치하지 않을 가능성이 매우 높지만, 로보다족 어느 누구도 그 사실을 전혀 신경 쓰지 않는다.

로보다족이 숫자를 쓰지 않는 상황은 그 밖에도 무수히 많다. 사람의 나이나 물건의 길이, 어떤 일에 걸리는 시간을 말할 때다. 우리는 대개 서로 몇 살인지 물어보고, 물건의 길이가 몇 센티미터인지 궁금해하고, 어떤 일이 몇 분 전에 일어났는지 체크한다. 알고 싶은 정보를 숫자로 확인하는 것이다. 그러나 로보다족은 길이를 말할 때면 자신들이 알고 있는 다른 무언가와 비교해서 말한다. 목걸이 길이가 손가락 끝부터 팔꿈치까지 정도라고 말하는 식이다. 우리도 옛날에는 큐빗cubit, 피트feet 등 팔이나 발 길이를 기준으로 삼은 단위를 사용했고 그중 일부는 지금도 쓰고 있다. 로보다족과 차이가 있다면 단위 앞에 숫자가 붙는지 여부다. 같은 물건이라도 우리가 그 길이를 1피트라고 말할 때, 로보다족은 아래팔 길이쯤이라고 말한다. 그보다 더 긴 물건이라면 다른 무언가에 빗대어 길이를 표현하지, 아래팔 2개쯤이라고 하는 일은 없다.

로보다족의 이러한 단위 셈법은 삶의 다양한 분야에서 나타난다. 로보다족도 나이에 관해 말할 때가 있지만 '몇 살'이라는 표현을 쓰지는 않는다. 그 대신 '아기', '어린이' 등 대략의 연령 그룹으로 구분 짓는다. 소요 시간도 마찬가지다. 어떤 일에 걸리는 시간은 '이 마을에서 제일 가까운 섬까지 가는 데 걸리는 시간'으로 설명한다. 어떤가? 숫자가 없어도 사는 데 큰 지장은 없을 것 같지 않은가?

파푸아뉴기니의 또 다른 부족인 유프노족族의 생활상도 이와 비슷하다. 유프노족의 부락은 마당주州에서도 해발고도 약 2000미터 고지에 있다. 로보다족과 마찬가지로 유프노족도 신체 기관을 이용해 수치를 표현한다. 방식이 늘 똑같지는 않지만 대충 〈그림 1〉과 일치한다. 특정 신체 부위를 말하거나 가리키면 그게 어떤 숫자가 된다. 기준은 남자의 몸이다. 그래서 여자들은 신체 구조상 표현할 수 없는 숫자가 몇 개 있다!

유프노족은 숫자를 셀 때 막대기를 이용하기도 한다. 수치가 높아질 때마다 막대기 하나를 더 추가해 나란히 늘어놓는다. 생활 방식도 피라항족보다는 더 열려 있다. 청년층은 대개 서구식 교육을 받으며, 영어에 기반을 둔 톡 피신Tok Pisin이라는 언어로 숫자를 센다.

유프노족의 셈법은 크게 세 가지로 정리할 수 있다. 다만 세 가지

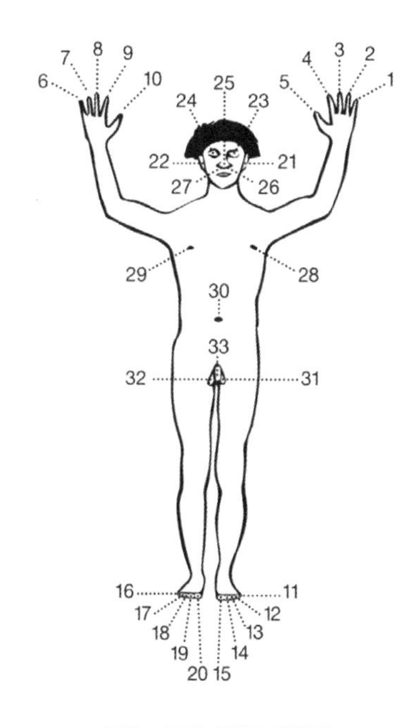

그림 1. 유프노족의 숫자 체계

방식을 일상적으로 활용하는 것은 아니다. 유프노족 사회에서는 돈을 주고 사야 하는 모든 물건의 가치가 동전이 아닌 거래 물품의 양으로 결정된다. 10토에아toea* 동전 하나의 가치에 따라 물건의 양이 달라지는 것이다. 예컨대 10토에아어치 담배를 모아놓은 무더기는 같은 가치의 식재료를 모아둔 무더기보다 작은데, 동전을 주고받는 과정 없이 현물로 교환이 이뤄진다. 이 방식으로는 바나나를 하나만 살 수 없다는 불편함이 있다. 바나나 하나만으로는 10토에아어치가 되지 않기 때문이다. 그렇지만 유프노족 내 암묵적 합의에 따라 동전의 개수를 세는 일은 거의 일어나지 않는다.

한 가지 중대한 예외는 있다. 신랑의 지참금, 즉 신부의 몸값을 치를 때다. 신부를 데려오기 위해 신랑이 치러야 하는 대가는 보통 돼지나 현금으로 지급된다. 신랑이 신부 측에 지참금을 전달하는 과정은 크게 두 단계로 진행된다. 먼저 신랑이 큰 소리로 자신이 가져온 돼지의 수나 현금의 액수를 외친다. 그러고는 막대기나 꼬챙이를 바닥에 내려놓아 그 수를 확인한다. 사람마다 세는 방법에 차이가 있으므로 오해의 소지를 미리 방지하는 것이다. 〈그림 1〉에 각 신체 부위별로 숫자가 제시되어 있기는 하지만, 실제로는 사람마다 세는 순서가 다를 수 있다. 예를 들어 양 손가락을 다 센 뒤에 발가락이 아니라 귀로 가버린다면 (우리가 보기에) 왼쪽 귀는 22가 아니라 12가 되기 때문에 막대기를 이용해 수치의 정확도를 거듭 점검하는 것이다.

* 파푸아뉴기니의 화폐 단위. 100토에아는 1키나kina다.

신랑의 지참금이 얼마인지는 유프노족에게 매우 중대한 문제다. 몇몇 학자는 여기에 착안해 지참금 액수를 활용하면 유프노족에게 숫자 개념을 쉽게 가르칠 수 있으리라 생각했다. 실제로 연배가 있는 어느 유프노족 남자에게 다음과 같은 문제를 내보았다. "어떤 신부를 데려오기 위해 돼지 열아홉 마리를 지급해야 합니다. 그런데 당신에게는 여덟 마리밖에 없습니다. 몇 마리가 더 있어야 그 신부를 아내로 맞이할 수 있을까요?" 그러자 남자는 이렇게 답했다. "이보시오, 내게는 신부를 더 맞이할 만큼의 재력이 없소. 당장 돼지 여덟 마리도 없는데 그만큼을 어떻게 뚝딱 마련한단 말이오? 게다가 난 나이가 너무 많아서 불꽃을 지필 수조차 없다오."

어림짐작은 어디까지 통할까

:

앞선 사례들을 종합해보면 인간은 결국 숫자를 세지 않고도 아무 불편 없이 살아갈 수 있다는 말이 된다. 과연 그럴까? 그래도 뭔가를 측정할 때는 숫자가 필요하지 않을까? 사물의 길이나 거리를 알고 싶을 때, 특히 건축 같은 분야에는 분명 숫자가 필요하지 않을까? 목적지로 가는 길을 찾을 때도 계산이 필요하지 않을까? 그러나 피라항족, 로보다족, 유프노족 같은 소수 민족의 삶을 들여다보면 그렇지도 않은 듯하다. 모두 수학 없이도 잘만 사는 것처럼 보이니까.

파푸아뉴기니의 많은 부족들은 카누를 제작한다. 여러 개의 섬으로 이뤄진 나라이기 때문에 이동하려면 배가 반드시 필요하다. 얼마 전까지만 해도 배 없이는 섬과 섬 사이를 오갈 수가 없었다. 거친 풍랑에도 산산조각 나지 않을 만큼 튼튼한 배는 부족들의 생필품이나 다름없다. 원주민들이 그토록 튼튼한 카누를 숫자 없이도 만들어내는 비결은 바로 기존의 카누와 새로 만들 카누를 비교하는 것이다. 규격이 정해진 청사진, 즉 설계도 따위는 없다. 카누 제작용 나무판자의 두께가 정확히 얼마여야 한다는 지침도 없다. 여러 척의 배를 만드는 동안 손끝에 쌓인 감각과 경험만이 유일한 설계도이자 지침이다.

중간중간 무언가를 재기는 한다. 그렇지만 줄자 같은 정밀한 도구는 아니다. 제작자의 팔꿈치만이 유일한 도구다. 파푸아뉴기니의 키리위나섬에서처럼 엄지와 손바닥을 쓰는 경우도 있다. 키리위나 사람들이 좀 더 정밀한 측정 도구를 활용하는 셈인데, 여기에도 이유는 있다. 키리위나섬은 다른 섬들에 견주어 아주 작은 편이라 배를 타고 다른 섬으로 갈 일이 잦다. 그래서 카누의 크기를 더 정확하게 측정할 필요가 있는 것이다. 키리위나 원주민들이 제작하는 배의 형태는 거의 매번 동일하다.

사실 카누의 크기나 형태보다는 제작할 때 투입되는 나무판자의 두께가 더 중요하다. 목판이 너무 얇으면 쉽게 파손될 위험이 있고, 지나치게 두꺼우면 배에 실을 수 있는 물건의 중량에 제한이 생기기 때문이다. 파푸아뉴기니의 몇몇 부족은 다리를 이용해 나무판자의 두께를 측량한다. 다리가 일종의 줄자 역할을 하는 것이다. 눈대중이 아닌 '귀대중', 즉 귀의 감각으로 카누의 두께가 적당한지를 판단하는 경우도 있다. 나무 표면을 힘차게 두드리면 안전한지 아닌지를 알 수 있다고 한다. 그렇지만 가장 정확한 방법은 뭐니 뭐니 해도 배를 물에 띄워보는 것이다. 그래야 카누가 견딜 수 있는 하중을 정확하게 판단할 수 있다.

강이나 협곡에 다리를 설치해야 할 때도 있다. 이때 교각의 안전성을 예측하기란 몹시 힘든 일이다. 사전 테스트를 거치지 않고서는 다리가 얼마나 튼튼한지 알 수 없다. 파푸아뉴기니의 부족들이 다리의 안전성을 어떻게 예측하는지는 지금껏 수수께끼로 남아 있다. 그런데도 그곳에 설치된 다리들은 큰 사고 없이 대체로 잘 버티고 있다. 맨 처음에 누가 어떻게 다리를 건설했는지는 알 수 없지만, 세대를 거듭하며 오랫동안 쌓인 경험이 다리의 안전성을 보장해준 듯하다.

본섬 중심부에 모여 사는 케와비족族은 아무런 측정 과정 없이 다리를 설치한다. 먼저, 설치할 다리의 길이를 어림짐작한다. 그런 다음 이편과 저편을 한 번에 잇기에 충분한 길이의 굵은 나무를 찾는다. 다리를 지탱할 기둥용 목재를 찾을 때도 마찬가지다. 충분한 높이의 나무를 찾은 뒤 본래 모습 그대로 버팀목으로 쓴다. 버팀목은 다리 상판만큼이나 중요하다. 미국 샌프란시스코의 금문교를 떠올려보라. 그 교량은 다리 위로 높이 솟은 기둥들 덕분에 무사히 버티고 있다. 다리 주변에 설치할 밧줄을 찾을 때도 케와비족은 어림짐작에 의지한다. 그들에게 다리 건설은 힘들고 정밀한 작업이 아니다. 모든 것이 눈썰미로 시작해 경험으로 마무리된다.

집을 짓는 과정도 크게 다르지 않다. 가옥 형태가 어떻든 간에 파푸아뉴기니의 소수 부족들은 감각과 경험에 의지한다. 정사각형 모양의 집을 선호하는 부족이 있는가 하면 동그란 형태의 집을 선호하는 부족도 있다. 그들이 애용하는 방법 중 하나는 지으려는 집의 둘레 및 길이와 정확히 일치하는 노끈이나 밧줄을 이용하는 것이다. 집을 정사각형으로 짓는 카테족族은 노끈 2개를 이용한다. 하나는 가로 폭을 잴 때, 다른 하나는 세로 폭을 잴 때 쓴다. 건축자재의 수량을 가늠할 때도 노끈을 활용한다. 노끈으로 건축자재가 부족한지 충분한지를 확인하는 것이다. 그렇게 하면 노동력이 꽤 절약된다. 베어야 할 나무의 수가 줄어들기 때문이다.

파푸아뉴기니의 소수 부족들 중 '이토록 정확한' 측정 방식을 갖춘 이들은 많지 않다. 마당주에 사는 어느 부족은 노끈이나 다른 보조 도구를 쓰지 않고도 집을 짓는다. 물론 나름의 표준 건축 과정은 있다. 건물을 버틸 지지대는 대개 9~12개 정도다. 이를 일정한 간격으로 바닥에 박고 그 위에 오로지 눈대중으로 정사각형의 집을 짓는다.

고도가 높은 카베베 마을의 집들은 대개 기둥 위에 둥그런 형태로 지어졌다. 집의 입구도 커다란 원 가장자리에 둥그렇게 만든다. 실내 중앙에는 불을 지필 수 있는 시설을 구비한다. 카베베 주민들 또한 노끈으로 원들의 크기를 결정한다. 다만 외풍 때문에 현관문의 크기를 가족 구성원이나 손님들의 출입을 방해하지 않는 선에서 최소화하는데, 이때 마을에서 체격이 가장 크고 뚱뚱한 사람을 부른다. 그 사람이 겨우 통과할 수 있는 크기가 곧 현관문의 크기가 되는 것이다.

이렇듯 파푸아뉴기니의 소수 부족들이 아무것도 재지 않는 것은 아니다. 우리와 재는 방식이 다를 뿐이다. 나무판자가 몇 개 필요하고, 바닥 면적이 몇 제곱미터여야 한다는 식의 계획은 없다. 지금도 그 부족들은 본능과 감각 그리고 경험에 따라 건축자재를 구비하고 건물을 짓는다. 자재의 크기를 가늠하는 유일한 도구는 노끈이다. 노끈은 오로지 측정 용도로만 사용될 뿐 그 외에는 아무런 역할도 하지 않는다. 그렇다! 집이든 다리든 카누든 수학 실력 없이도 충분히 만들어낼 수 있다.

작은 수를 인식하는 뇌 기능

:

수학 없이 살아가는 부족은 생각보다 많다. 수학을 배울 정도의 지능이 있고 숫자 체계도 갖췄지만 수학이 필요 없다고 생각하는 이들이 제법 많다는 뜻이다. 그 부족들은 대개 눈썰미가 좋고 이를 통해 시간과 노동력을 절약한다. 결과물도 꽤 훌륭하다. 측정 도구도 없이 어떻게 그런 일을 해낼 수 있을까? 숫자 없이 어떻게 상거래가 가능할까? 어떻게 굶어 죽지 않기 위해 비축해야 할 식량의 양을 짐작하고 강 위에 다리를 놓을까? 지난 수십 년간 많은 학자들이 이 질문을 연구한 끝에 몇 가지 답을 찾았다. 그중 하나가 우리 뇌의 특정 부위가 수량을 짐작하게 해준다는 이론이다. 그 기능 덕분에 수학을 배우지 않은 사람도 별 문제 없이 물건의 길이를 대략 짐작하고 직각인지 아닌지를 분간할 수 있다.

수량과 관련된 우리 뇌의 기능은 크게 세 가지다. 첫째, 우리 뇌는 4보다 작은 수를 본능적으로 구분한다. 특별히 머리를 굴리지 않아도 사과가 1개인지 2개인지를 아는 것이다. 둘째는 많은 양의 인식, 셋째는 도형 인식이다. 독도법讀圖法을 전혀 공부하지 않은 사람도 지도를 보고 대강 길을 찾을 수 있는 것이 바로 세 번째 기능 덕분이다.

우선 첫째 기능, 즉 인류가 비교적 작은 숫자는 잘 인식할 뿐 아니라 매우 능수능란하게 다룬다는 점에 집중해보자.

갓난아기들도 작은 숫자를 다루는 능력이 있다. 하나와 둘을 구분하는 능력을 타고나는 것이다. 엄밀하게 날 때부터 그런 것은 아니며, 사물의 개수가 하나인지 둘인지를 눈으로 보고 알 수 있다. 아기들에게 일정 기간 동안 점이 하나만 찍힌 종이를 보여주다가 어느 날 갑자기 점이 2개 찍힌 종이를 내밀면 어리둥절해한다. 지금까지 봤던 것과 다른 새로운 것을 접해서 보이는 반응이다. 학자들은 아기들이 종이를 응시하는 시간으로 반응의 차이를 알 수 있다고 말한다. 늘 보던 그림 앞에서는 얼른 고개를 돌려버리지만, 새로운 그림을 보면 좀 더 오랫동안 응시한다.

학자들은 여기에서 더 나아가 아기들이 어떤 기대를 품고 있는지도 연구했다. 결과는 놀라웠다. 아기들이 덧셈이나 뺄셈을 할 수 있는 게 아닌가 하는 의심이 들 정도였다. 실험자들은 아기들에게 인형 2개를 보여준 뒤 하나를 다른 곳으로 치웠다. 그러자 아기들은 남은 인형 하나를 물끄러미 쳐다보기만 했다. 그런데 2개 중 하나를 치우는 척하다 다시 2개를 내밀자 매우 놀란 표정을 지었다. 산수를 배우기도 전에 이미 2-1=1이 옳고 2-1=2는 틀렸다는 사실을 알고 있는 듯했다!

뭐, 설마 그렇기야 할까. 덧셈 뺄셈이 가능하다기보다는 방금 전까지 본 인형과 다른 인형이 하나 더 등장했다는 사실에 놀랐다고 보는 편이 개연성은 높다. 1+1=1이라는 상황을 연출했을 때도 비슷한 반응이 나왔기 때문이다. 아기들은 인형 1개를 보여준 뒤 하나를 더 추가하는 척하다가 그 인형을 눈앞에서 얼른 치워버리는 실험에서도 어리둥절해했다. 인형 하나가 사라진 것에 고개를 갸우뚱거렸다. 그런 반응은 우리 뇌에 탑재된, 주변 사물을 인지하는 능력에서 비롯된다. 인지 부위에서는 어떤 물건이 무슨 색인지, 크기는 어느 정도인지, 어디에 놓여 있는지 등을 기억한다. 주변 사물에 눈길을 주는 순간 일련의 정보들이 뇌에 자동으로 저장되는 것이다. 아기들의 뇌도 마찬가지다. 방금 전까지 눈앞에 있던 것이 한순간 사라지거나 그 자리에 없던 물건이 갑자기 등장했을 때 놀란 눈빛을 짓는 이유도 그 때문이다.

다만 기억의 용량에는 한계가 있다. 아주 많은 개수의 물건들에 관한 정보를 전부 세세하게 기억하지는 못한다. 연령별 차이나 개인차도 크다. 참고로, 아기들은 최대 3개까지 기억할 수 있다고 한다. 그보다 개수가 많아지면 잘 구분하지 못한다. 이 가설을 입증하는 실험 결과도 있다. 실험에 참가한 아기들의 왼쪽에 쿠키 1개가 든 상자를 놓았더니 아기들이 일제히 그쪽을 바라보았다. 그다음에 오른쪽에 쿠키 4개가 든 상자를 놓아보았다. 그러자 이번엔 그쪽으로 고개를 돌렸다. 이 상황에서 아기들은 어느 상자를 택했을까? 어느 쪽을 향해 기어갔을까?

당연히 오른쪽이라고 생각하겠지만 이상하게도 매번 그렇지는 않았다. 실험자들은 아기가 쿠키 1개와 4개 중 어느 것이 더 많은지를 구분할 수 있다면 당연히 1과 4의 차이도 알 것이라 생각했다. 그래서 모든 아기들이 오른쪽 상자를 택할 줄 알았지만 예측은 빗나갔다. 아기들은 4개가 1개보다 많다는 사실을 전혀 알지 못한 채 무작위로 아무 방향이나 선택했다. 왜 그랬을까? 바로 숫자를 관장하는 뇌 부위가 한계 상황에 부딪혀 항복 선언을 했기 때문이다. 적어도 생후 22개월 이전의 아기들은 1과 4를 구분하지 못한다.

생후 22개월 이후에 갑자기 대변혁이 일어나는 이유는 그즈음 아기들의 뇌가 4개의 사물을 동시에 인지하기 때문이다. 성인들 중에도 4개의 사물을 동시에 인지하는 경우가 있긴 하지만 솔직히 쉬운 일은 아니다. 그 시기에 아기들의 뇌에 정확히 어떤 변화가 일어나는지는 확실하게 밝혀지지 않았다. 언어능력의 발달과 관련이 있으리라는 추측뿐이다.

한편 단수와 복수의 구분이 명확한 언어를 구사하는 아이는 그렇지 않은 언어를 습득하는 아이보다 주변 사물을 인지하는 속도가 빠

르다. 예컨대 일본어처럼 단수와 복수의 구분이 뚜렷하지 않은 언어를 쓰는 아이들은 하나와 여러 개의 차이를 익히는 속도가 느린 편이다. 심지어 숫자를 습득하는 시기가 몇 개월씩 뒤처지기도 한다. 물론 그 차이를 극복하는 데 아주 긴 시간이 필요하진 않다. 독일 아이들은 10보다 큰 수를 배울 때 일본 아이들보다 더 오래 걸린다. 예컨대 숫자 24는 독일어로 '4와 20(vier-und-zwanzig)'이지만 일본어로는 '20·4(にじゅう·よん)'라고 부른다. 순서대로 읽으면 되기 때문에 일본 아이들은 큰 수를 더 빨리 익힐 수 있다. 참고로, 덴마크어의 숫자 표현은 독일어보다 더 복잡하다. 덴마크어로 90은 '$4\frac{1}{2} \times 20$ (halvfem-sinde-tyve)'이다!

언어는 숫자를 습득할 때 매우 중대한 역할을 담당한다. 이때 핵심은 단수와 복수의 차이, 즉 하나와 여러 개의 차이를 구분하는 것이다. 그중에서도 숫자 1의 의미를 이해하는 것이 기본이다. '하나'를 알아야 비로소 수의 세계를 이해할 수 있기 때문이다. 1, 2, 3, 4, 5…… 숫자를 차례대로 줄줄 읊어댄다고 해서 수의 세계에 입문했다고 할 수는 없다. 그런 신동들에게 인형 1개만 갖다달라고 부탁하면 엉뚱한 개수를 가져올 때가 많다. 즉 숫자를 달달 외우는 것만으로는 큰 소용이 없다는 뜻이다.

지금까지 우리가 어떤 능력을 타고나며 그 후로 어떻게 숫자를 익히는지를 간략히 살펴보았다. '하나'가 무엇인지 알면 '둘'이 무엇인지도 알게 된다. 둘은 '하나 그리고 또 다른 하나'니까. 타고난 뇌 기능 덕분에 우리는 이런 작은 숫자들을 거뜬히 다룬다. 그런데 앞서 소개한, 숫자 없이 살아가는 부족들에게는 작은 수보다 큰 수를 관장하는 뇌 기능이 훨씬 더 중요하다고 한다.

큰 수를 인식하는 뇌 기능

:

숫자가 3을 넘어서는 순간 뇌 속의 다른 부위가 우리의 인지력을 관장하는데, 그 또한 아기 때부터 발동한다. 다만 작은 수일 때와 달리 큰 수를 비교할 때는 그 차이를 매번 쉽게 구분해내지는 못한다. 점 4개와 6개의 차이는 잘 모르지만 16개가 8개보다 많다는 사실은 한눈에 알아차리는 것이다.

그 이유는 점이 3~4개 이상일 경우 눈대중으로는 점의 개수를 정확히 알 수 없기 때문이다. 언뜻 봐서 구분되는 경우도 있고, 그렇지 않은 경우도 있다. 그런데 신기하게도 종이 위에 찍힌 점의 개수가 두 배 이상 차이가 날 때는 신생아들도 쉽게 알아차린다. 점 6개가 4개보다 많다는 사실은 잘 몰라도, 8개가 4개보다 많다는 사실은 금방 알아차린다. 다시 말해 두 수의 비례가 중요하다는 뜻이다. 의심스럽다면 직접 시험해봐도 좋다. 점 100개와 105개의 차이는 눈에 잘 보이지 않아도 5개와 10개의 차이는 금세 눈에 들어올 것이다.

숫자 간의 차이를 구분하는 능력은 월령이나 연령이 높아질수록 점점 발달한다. 생후 몇 개월밖에 안 된 아기들도 넷과 여섯의 차이를 구분한다. 두 수의 비율이 1.5배밖에 되지 않는데도 말이다. 성인들은 12개와 13개의 차이도 구분해낸다. 물론 매번 정답을 맞히는 것은 아니지만, 둘 중 어느 쪽이 더 많은지 묻는 문제를 내면 100점 만점에 50점 이상은 받는다. 20개와 21개의 차이는 어떨까? 그것도 세지 않고 정확히 맞힐 수 있을까? 그런 능력자는 아마 많지 않을 것이다.

그럴 때는 일일이 세는 편이 정답을 맞힐 가능성이 높다. 앞서 소개한 로보다족은 자기가 이웃집에 참마를 몇 개 선물했는지 정확히 모른다. '대충 그쯤이었지' 하고 눈으로 기억할 뿐이다. 만약 이웃이 나중에 그보다 훨씬 적은(또는 훨씬 많은) 양의 참마를 가져왔다면 그 차이를 금세 알아챌 것이다. 하지만 1~2개 정도 추가되거나 빠지는 경우에는 아무도 눈치채지 못한다. 작은 수를 대할 때와 큰 수를 대할 때 우리 뇌가 작동하는 방식이 다르기 때문이다.

아직 숫자를 배운 적이 없는 아기들조차 큰 수를 계산할 줄 아는 건가 하는 의심이 들 때가 더러 있다. 인형을 놓고 실험을 해봤더니 5+5=5가 왠지 이상하다는 반응을 보인 것이다. 5+5=10이 됐을 때는 별다른 반응을 보이지 않았지만, 5+5=5인 상황에서는 당황한 표정을 지었다. 산수를 배우지 않고도 비교적 큰 수를 연산할 수 있는 능력이 아기들에게 정말 있는 걸까?

2004년 해당 실험을 진행한 학자들은 이 질문에 대해 '그렇다'라는 결론에 도달했다. 이후 심층 연구가 진행되었고 학자들은 아기들의 연산 능력을 둘러싼 진실에 한 발짝 더 다가갔다. 정말 아기들은 5+5=5인 상황에서 어리둥절해했다. 그러나 5+5=9인 상황과

5+5=10인 상황 사이에서는 덤덤하게 반응하며 별 차이를 보이지 않았다. 이유는 분명하다. 9와 10의 차이를 인지하지 못하기 때문이다. 아기들은 자기 생각보다 인형의 개수가 적은 것에 놀랐을 뿐 5에 5를 더해서 정확히 10이 되는 것을 기대하지는 않았다. 미안하지만 그 아기들도 커가면서 덧셈과 뺄셈 공부라는 운명을 피해가지 못할 것이다.

도대체 뇌가 무슨 일을 하기에 연산 능력이 전혀 없는데도 때때로 큰 수들의 차이를 한눈에 알아보는 걸까? 이와 관련해서는 의견이 많이 갈린다. 내 생각을 밝히기에 앞서, 먼저 길이 감각이나 시간 감각과 연관된 뇌 부위에 관해 조금 더 알아보자.

우리는 길이의 차이를 한눈에 쉽게 판별하지 못한다. 물론 어떤 물건이 다른 물건보다 두 배쯤 길 때는 누구나 쉽게 알아차린다. 지금 눈앞에 놓인 사각 탁자의 가로세로 길이가 서로 다르다는 것 정도는 나도 잘 안다. 그렇지만 두 길이가 각각 정확히 몇 센티미터인지는 모른다. 눈대중으로 대충 아무 숫자나 말할 수는 있지만, 둘 다 정답과는 거리가 있을 것이다. 시간 감각도 크게 다르지 않다. 10초와 5분의 차이는 쉽게 체감할 수 있다. 한 시간과 두 시간의 차이도 마찬가지다. 그러나 60분과 61분의 차이는 좀처럼 감지하기 어렵다.

독자들도 내 말에 공감할 것이다. 길이나 시간에 대한 인간의 감각이 수량에 대한 감각과 아주 비슷하게 작동하기 때문이다. 아기들도 태어날 때부터 길이의 차이를 구분한다. '삐~' 소리를 두 번 울렸을 때 간격이 짧은 경우와 긴 경우를 분간하는 것이다. 물론 둘 사이의 시간차가 클수록 쉽게 알아차린다. 길이나 시간의 차이를 구분하는 능력은 자라면서 더 정밀해지지만 정확한 수준에 도달하지는 못한다. 정확한 길이나 시간을 알고 싶다면 도구를 이용해 측정하는 수밖에 없다. 케와비족은 다리를 놓을 때 눈대중으로 길이를 재고 그 길이에 해당하는 나무 기둥을 벤다고 했다. 하지만 설치해야 할 다리의 길이가 꽤 길면 자칫 엉뚱한 나무를 벨 가능성이 크다. 결국 다리를 놓고 난 뒤에야 자신들의 실수를 알아차리게 된다.

계산 없이 살아가는 부족들이 끈기 있게 애용하는 숫자 감각과 예측 능력은 우리에게도 있다. 모든 인류가 그런 능력을 타고나며 시간이 지날수록 그 감각은 더 발달한다. 동물 중에도 원숭이나 쥐, 금붕어는 길이나 수량의 차이를 인지한다. 그리고 동물들 대부분의 뇌에 비슷한 기능이 장착되어 있다. 다시 묻지만, 대체 어떻게 그런 일이 가능할까? 수학을 전혀 배운 적이 없는데 어떻게 수량을 어림짐작할 수 있을까? 동물들은 왜, 어떻게 그런 능력을 지니고 있을까?

내가 추리한 바로는 이렇다. 눈으로 길이를 확인하거나 시간을 체감하면 우리 뇌는 입력된 정보를 정량화, 즉 수치로 환산한다. 우리에게는 길이를 비롯해 눈에 들어오는 사물을 쉽게 인식하는 능력이 있으며, 뇌는 그렇게 수집된 정보를 수치로 전환한다. 우리가 어떤 사물의 길이나 공간의 면적을 시각적으로 확인하는 순간, 뇌에서 그 정보를 추출하는 작업이 이뤄져 숫자라는 결과물이 도출되는 것이다.

이렇게 추리한 데에는 여러 이유가 있지만 무엇보다 뇌가 착각을 자주 유발한다는 점에 주목했다. 길이를 어림잡을 때의 뇌 기능이 수치를 짐작할 때의 뇌 기능과 서로 맞물리기 때문에 이런 오류가 자주 발생하게 된다. 때로는 거꾸로 숫자를 세는 뇌 부위가 길이나 크기를 가늠하는 뇌 부위와 맞물리면서 착각이 일어나기도 한다.

〈그림 2〉를 보면 무슨 뜻인지 이해하기 쉬울 것이다. 세지도 말고 깊이 고민하지도 말고, 회색 원 4개 중 검은 점이 가장 많이 들어 있는 원이 어느 것인지 바로 대답해보라. 아마 맨 오른쪽 원을 고른 사람이 많을 것이다. 얼핏 가득 차 보이니 그 안에 점이 가장 많을 것이라고 생각한다. 미안하지만 '땡'이다! 세어보면 알겠지만 원 안에 든 점의 개수는 모두 똑같다.

이는 우리 뇌가 어떻게 (오)작동하는지를 보여준다. 뇌가 우리를 착각으로 이끄는 것은 한두 번이 아니다. 뇌 기능이 늘 쌩쌩하지는 않다는 사실을 알려주는 또 다른 사례가 있다. 숫자의 크기를 비교할 때 숫자가 왼쪽과 오른쪽 중 어디에 있느냐에 따라 쉽게 현혹되는 것이다. 두 수의 위치가 '올바르면' 쉽게 정답에 도달하고, '틀린' 위치에 있으면 정답을 맞힐 때까지 시간이 더 걸린다. 여기에서 말하는 올바른 위치란 둘 중 작은 수가 왼쪽에 놓인 경우를 말한다. 적어도 우리의 뇌는 여기에 맞게 설정되어 있다.

"9가 5보다 더 큰 수가 맞나요?"라는 질문을 예로 들어보자. 만약 "5보다 9가 큰가요?"라고 물었다면, 다시 말해 5가 왼쪽에, 9가 오른쪽에 놓였다면 순식간에 "네"라고 답했을 것이다. 그런데 두 수의 위치가 바뀌어 있기 때문에 아주 잠깐이지만 우리는 '어라…… 뭐지?'

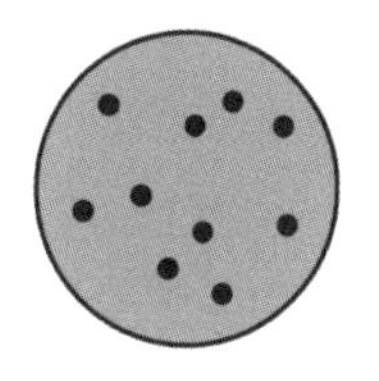 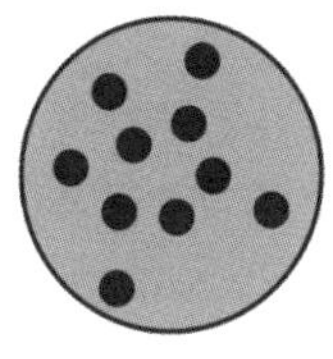 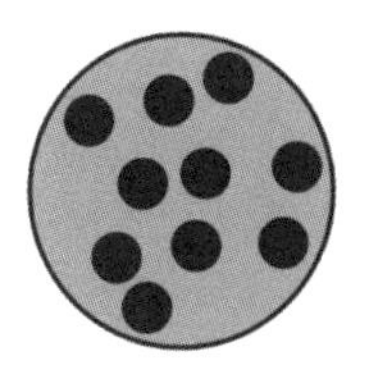 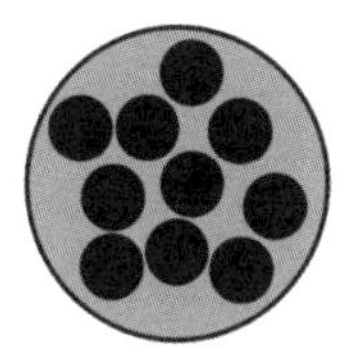

그림 2. 원 안의 점 개수는 똑같다. 점의 크기 때문에 점의 개수가 더 많은 것처럼 보일 뿐이다.

하고 멈칫거리게 된다. 반대의 경우는 어떨까? "9가 15보다 큰가요?" 이 경우에는 고민할 틈이 없다. 작은 수인 9가 왼쪽에 있기 때문이다.

물론 전 세계 모든 인류가 다 그런 것은 아니다. 모국어가 히브리어인 사람들은 우리와 반대로 사고한다. 그들은 9가 오른쪽에, 15가 왼쪽에 있을 때 정답을 더 빨리 알아맞힌다. 이유는 다들 짐작하는 대로다. 히브리어는 오른쪽에서 왼쪽으로 읽고 쓰기 때문이다. 2개 국어를 사용하는 사람들은 머릿속 실타래가 더 심하게 엉킨다. 오른쪽 쓰기를 하는 히브리어와 왼쪽 쓰기를 하는 러시아어를 모두 유창하게 구사하는 경우, 직전에 사용한 언어에 따라 숫자 크기를 정확하게 구분하는 속도가 달라진다. 조금 전까지 히브리어로 된 글을 읽고 있었다면 큰 수가 왼편에 있을 때 순발력이 더 발휘될 것이고, 러시아어였다면 큰 수가 오른편에 있는 쪽이 유리할 것이다.

결론적으로 뇌는 우리가 눈으로 본 것과 숫자를 조합한다고 할 수 있다. 어떤 숫자가 어디에 놓이는지에 따라 뇌 기능에 약간의 변화가 생기는 것이다. 9나 15처럼 특정한 숫자가 아니라 점의 개수를 인식할 때도 마찬가지다. 이것은 사람에게만 해당하는 일이 아니다. 병아리도 두 수(예컨대 낟알의 개수) 중 큰 수가 오른쪽에 있을 때 방향을 더 쉽게 찾는다. 오른쪽에 낟알이 많을 때 더 빨리 그쪽으로 종종걸음을 친다. 그렇다면 혹시 사람과 마찬가지로 병아리 뇌에도 길이 감각이나 도형 감각이 탑재되어 있지 않을까?

병아리의 신기한 도형 감각

:

지금까지 인류가 어떻게 수학 없이도 상거래를 할 수 있고 다리를 놓을 수 있으며 거센 풍랑을 견딜 배를 건조할 수 있는지 살펴봤다. 모두 숫자와 관계가 깊은 활동이지만, 숫자 없이도 그 일을 충분히 해내는 이들이 적지 않다는 사실도 확인했다.

그런데 숫자 말고도 우리 삶에 아주 깊이 관여하는 수학 분야가 또 있다. 바로 기하학이다. 예컨대 도형 감각이 아예 없는 사람은 자신이 머릿속에 그린 집을 지을 수 없다. 건물의 폭을 조금 늘리면 사각형의 바닥 형태가 어떻게 달라지는지, 반지름의 길이를 바꿀 때마다 원형 토지의 면적이 어떻게 달라지는지 정도는 알아야 초석이라도 다질 테니 말이다. 짜잔! 걱정하지 마시라. 다행히 우리는 기하학적 감각도 타고났으니까!

우리 뇌에는 도형 인식을 담당하는 기관이 있다. 낯선 곳에서 감각만으로 길을 곧잘 찾아내는 것은 그 기능 덕분이다. 동물의 뇌에도 그런 부위가 있다. 병아리는 간단한 도형을 인지하여 먹이가 있는 곳을 쉽게 찾는다. 도형 감각 이외의 다른 능력을 지닌 동물도 있다. 철새들은 해와 별의 위치로 자신들이 날아갈 방향을 감지하고, 곤충들은 후각으로 자신들의 보금자리를 찾아낸다. 도형 감각이 없다 해서 당장 사지로 내몰리지는 않지만 그 능력은 요긴하게 쓰일 때가 많다. 예컨대 커다란 원 한가운데나 직사각형 한쪽 구석에 자리한 보금자리를 찾아가려면 도형 감각이 뒷받침되어야 한다.

이와 비슷한 상황에서 어린아이나 동물이 얼마나 도형을 잘 인지하는지 간단히 테스트해보았다. 실험자들은 사각형 안 어딘가에 모이를 숨겨놓고 병아리가 모이를 찾아가는 과정을 관찰했다. 〈그림 3〉은 직사각형 판을 이용한 실험의 내용이다. 병아리는 직사각형의 중앙에서 출발해 네 귀퉁이 중 한 곳에 놓인 모이를 찾아야 한다. 실험자들은 병아리가 지켜보는 상태에서 모이를 숨기지만, 출발 직전에 병아리를 몇 차례 빙글빙글 돌린 탓에 병아리 처지에서는 쉬운 과제가 아니다. 그럼에도 병아리는 모이의 위치를 어렴풋이 찾아냈는데, 모이가 놓인 곳 왼편에 직사각형의 긴 변이 있었음을 기억했다고 볼 수 있다. 〈그림 3〉의 A와 B 조건에서 병아리는 직사각형의 단 두 곳(왼쪽 하단과 오른쪽 상단)으로만 향했다. 실제 모이가 놓인 구석과 그 맞은편, 즉 대각선 방향의 구석으로 이동한 것이다. 이것만으로도 병아리가 도형의 모양을 인지했다는 충분한 증거가 된다. 각각의 구석에 가서 직접 확인하지 않는 이상 모이가 놓인 점과 대척점의 차이를 구분할 수 없기 때문이다.

병아리는 자신이 있는 공간이 직사각형이라는 걸 인식하지 못할 때도 있었다. 〈그림 3〉의 C와 D 조건에서는 병아리가 모이를 찾으러 네 곳으로 모두 향했다. 말하자면 직사각형이라는 도형을 인지하지 못한 것이다. 병아리들의 도형 인지 능력은 꽤 좋은 편이지만 더러는 이렇게 제대로 작동하지 않을 때도 있다.

병아리와 비슷한 한계를 보이지만, 도형을 어느 정도 인지할 수 있는 동물들이 또 있다. 쥐와 비둘기, 물고기, 붉은털원숭이 등은 사물

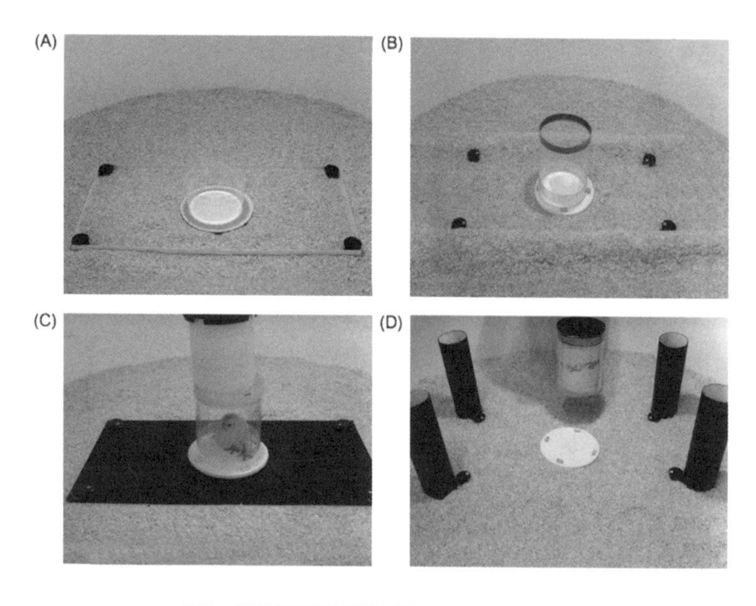

그림 3. 병아리가 모이 위치를 찾는 방법을 알아보는 실험

병아리의 도형 인지 수준을 파악하기 위해, 면적은 같지만 프레임을 달리한 4개의 직사각형에서 실험을 진행했다. A는 높이 2cm의 막대로 사방을 막았고, B는 파이프로 사방을 막은 다음 그 위에 톱밥을 덮었다. C는 검은색 직사각형 판을 깔았으며, D는 직사각형의 귀퉁이에 기둥을 세웠다.

출처. Spelke, E. (2011). Natural Number and Natural Geometry. *Space, Time and Number in the Brain : Searching for the Foundations of mathematical Thought.* Oxford, Oxford University Press.

의 모양을 인지하거나 기억하는 능력이 있다. 만물의 영장인 인간 또한 예외가 아니다. 어린아이들도 직관적으로 도형을 인지한다.

한 실험에서 직사각형 바닥의 한 모퉁이에 간식을 숨긴 뒤 아이들에게 간식의 위치를 찾아보게 했다. 아이들도 두 군데, 즉 실제로 간식이 놓인 곳과 그 대각선 방향으로 향했다. 신기한 사실은 아이들도 단서, 즉 간식이 놓인 구석 왼쪽에 직사각형의 긴 변이 있다는 걸 활용했다는 점이다. 실험자들이 간식을 놓아둔 쪽 긴 변의 색깔을 바꿔봤지만 아이들은 이번에도 같은 위치로 향했다. 색상 정보를 활용하기에는 피실험자들의 연령이 너무 낮았던 것이다.

여기에서 질문 하나! 앞선 실험들을 보고 동물이나 아이들이 도형을 인지한다는 결론을 내릴 수 있을까? 그들은 정말 직사각형이 무엇인지 알고 있었을까? 혹시 왼쪽에 기다란 변(길이 감각)이 있는 구석(각도 감각)에 맛난 음식이 놓였다는 사실만 기억하는 건 아니었을까? 학자들은 이 질문의 답을 찾기 위해 또 다른 실험들을 진행했는데, 그 결과 각도나 길이 감각보다는 도형 감각이 관건이었음이 밝혀졌다.

잠시 샛길로 빠져서 내 방 얘기를 좀 해볼까 한다. 나는 눈을 감고도 내 방의 구조를 머릿속에 그려낼 수 있다. 한쪽 구석에 내가 앉아 있는 책상이 자리하고 그 왼쪽 옆으로 기다란 벽이 있다. 방문은 오른쪽 뒤편에 있으며 내 등 뒤에 책상 하나가 더 놓인 것도 알고 있다. 매일같이 이 방에서 생활하니 방 구조를 훤히 꿰뚫는 게 당연하다. 그런데 우리 뇌는 난생처음 보는 공간에서도 구조와 내용물을 기억한다. 눈을 가린 뒤에도 방금 봤던 공간의 구조를 대략 묘사할 수 있고 특징적인 물건들의 위치를 정확히 기억한다.

그러나 눈을 가리면 지금 내가 정확히 방의 어느 지점에 서 있는지까지는 알 수 없다. 검은 밴드로 눈을 가린 채 몇 바퀴 빙글빙글 돈 뒤에 멈춰보라. 아마 어느 방향으로 서 있는지 가늠이 안 될 것이다. 당연히 아까 봤던 물건들의 위치를 손가락으로 가리킬 수가 없다. 스탠드가 놓인 곳과 전구에 불이 들어와 있던 걸 기억하더라도, 나아가 눈을 가린 밴드가 아주 얇은 천으로 되어 있다 하더라도 물건들의 위치를 정확히 짚어내지는 못한다. 다만 방의 구조는 대충 기억날 것이다. 내가 서 있는 방향까지는 알지 못해도 공간에 관한 기억은 남아 있기 때문이다.

공간의 구조를 기억한다는 것은 곧 모퉁이의 개수, 벽들이 연결된 상태 등 기하학적 형태를 상당히 잘 인지할 수 있다는 뜻이다. 앞의 실험에 참가한 성인들은 일정 수준 이상의 도형 인지 능력을 갖추고 있었다. 그런데 동물이나 아이들에게도 동일한 능력이 있다고 유추할 만한 단서가 꽤 많다. 심지어 우리 뇌 속의 뉴런, 즉 신경세포 중에는 정사각형과 원을 인지하는 뉴런 등이 각각 따로 있는 것으로 보인다.

수학과 동떨어진 삶을 사는 부족들이 도형 감각을 지닌 까닭도 바로 뉴런 덕분이다. 아마존 열대우림 지대에 흩어져 사는 문두루쿠족族은 그중 하나다. 앞에 소개한 피라항족도 수학보다는 자신들의 타고난 감각을 더 신뢰하며 살아간다.

문두루쿠족을 대상으로 도형 실험을 진행한 적이 있다. 피실험자들은 6개의 도형이 그려진 종이 한 장을 받았다. 6개 도형 중 1개만 다른 모양이었다. 이를테면 직선 도형 5개, 곡선 도형 1개인 식이다. 실험자들은 수학적 훈련을 전혀 받지 않은 이들이 도형의 차이를 구분해내는지 알고 싶었다. 숫자 개념이 없는 아이들이 쿠키 1개와 4개의 차이를 인지하는지 알아보는 실험과 비슷했다. 문두루쿠인들은 어떨 땐 정답을 맞혔고 어떨 땐 오답을 제시했다. 비교적 쉬운 편이었던 직선과 곡선을 대비시킨 문제는 알아맞혔고, 선분 위의 점과 선분 밖의 점을 구분하는 질문에는 틀린 답을 말했다.

비록 도형이나 거리 인식 문제를 더러 틀리긴 했지만, 문두루쿠족에게 기하학 특강을 할 필요는 없었다. 일정한 훈련 없이도 지도를 읽어낼 줄 알았기 때문이다. 적어도 비교적 좁은 지역을 묘사한 지도는 충분히 읽어냈다. 〈그림 4〉는 문두루쿠족이 참여한 세 가지 지도 읽기 실험 중 하나를 묘사한 것이다. 피실험자는 도형 3개가 그려진 직사각형 지도 한 장을 받는다. 셋 중 하나는 나머지 둘과 모양과 색이 모두 다르다. 피실험자는 모양과 색이 다른 그곳을 찾아가야 한다. 지도를 충분히 숙지한 피실험자는 자리에서 일어나 사방을 둘러본다. 직사각형으로 된 실제 공간에도 기둥 3개가 놓여 있다. 지도에서처럼 그중 하나는 나머지 둘과 색과 모양이 다르다. 종이로 된 지도 그대로다. 피실험자는 색과 모양이 다른 기둥 쪽으로 향한다. 지도를 제대로 읽었다는 뜻이다. 어쩌면 피실험자가 서로 다른 색상 덕분에 목표 지점을 찾아낸 게 아니냐고 반박할지도 모르겠다. 그러나 기둥을 모두 같은 색상으로 칠했을 때도 결과는 같았다.

물론 문두루쿠족의 지도 읽기 능력에는 한계가 있었다. 도형의 형태가 복잡해질수록 난이도는 높아졌고 이에 따라 오답률도 높아졌다. 색상을 전혀 구분하지 않은 경우에도 마찬가지였다. 무엇보다 우리가 실생활에서 접하는 지도들은 이보다 더 복잡하고 추상적일 때가 많다. 이 실험에서처럼 간단한 지도가 아닐뿐더러, 지도의 기호와 눈으로 확인하는 실물 사이에 편차가 클 때도 많다. 그럼에도 이 실험은 우리가 수학 수업을 받지 않고도 일정 수준의 도형 감각을 발휘할 수 있다는 사실을 알려준다.

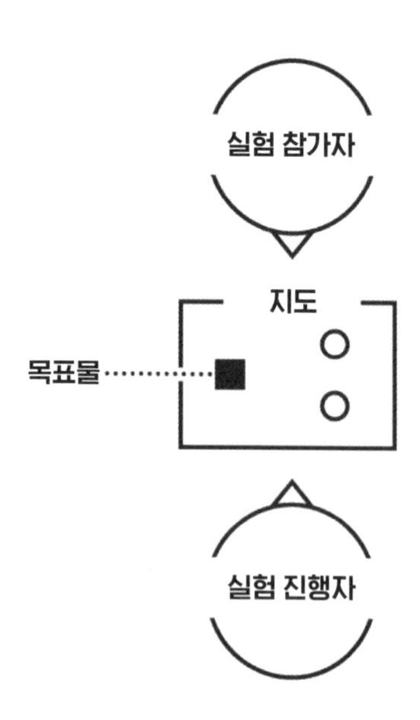

그림 4. 문두루쿠족을 대상으로 한 지도 읽기 실험

앞서 살펴봤듯 지구상에는 수학 없이도 행복한 삶을 영위하는 다양한 문화권과 부족이 있다. 숫자나 도형을 배우지 않아도 별다른 불편함 없이 삶을 꾸려가는 이들이 존재하는 것이다. 그것이 가능한 이유는 우리가 수량이나 거리, 형태 등에 대한 감각을 타고났기 때문이다. 우리 뇌는 일일이 세어보지 않아도 참마 광주리가 얼마만큼 차 있는지, 강 건너까지의 거리가 어느 정도인지, 집을 지으려면 목재가 얼마나 필요한지 예측하는 능력을 지녔다. 수학적 지식을 동원하지 않아도 이러한 생득적 능력 덕분에 살아가면서 마주치는 여러 난관을 이겨낼 수 있다.

그러나 타고난 감각을 수학적 능력과 혼동해서는 안 된다. 수학은 분명 학습을 통해 익혀야 하는 분야다. 갓 태어난 아기들은 숫자가 뭔지, 도형이 뭔지 모른다. 도형의 형태를 어느 정도 인지하거나 구분은 하지만, 그렇다고 아기들이 도형을 머릿속에 그리거나 기하학적 분석을 하는 것은 아니다. 수학, 특히 기하학의 본질은 도형을 머릿속에 그려내는 상상력과 분석력이라고 할 수 있다. 그러려면 어떤 도형을 보고 그것이 정사각형인지 아닌지 구분할 수 있어야 하며, 나아가 그보다 훨씬 많은 지식을 배우고 익혀야 한다.

반복되는 질문이지만, 우리는 대체 왜 수학을 배워야 할까? 지금까지 살펴본 바에 따르면 수학 없이도 생존은 가능하고 충분히 행복한 삶을 꾸려갈 수 있는 듯하다. 그런데도 왜 대부분의 사람들은 산술과 기하를 익혀야 한다고 생각할까? 왜 고대의 메소포타미아인과 이집트인, 그리스인, 중국인들은 그토록 수학에 골몰했을까? 그 이유는 아마도 수학이 우리 삶에 필수 불가결한 무언가를 채워줬기 때문일 것이다. 그렇다면 그 '무언가'는 무엇이었을까? 다음 장에서는 이 점에 관해 알아보기로 하자.

4장.

모든 것은 필요에서 시작되었다:
수의 기원

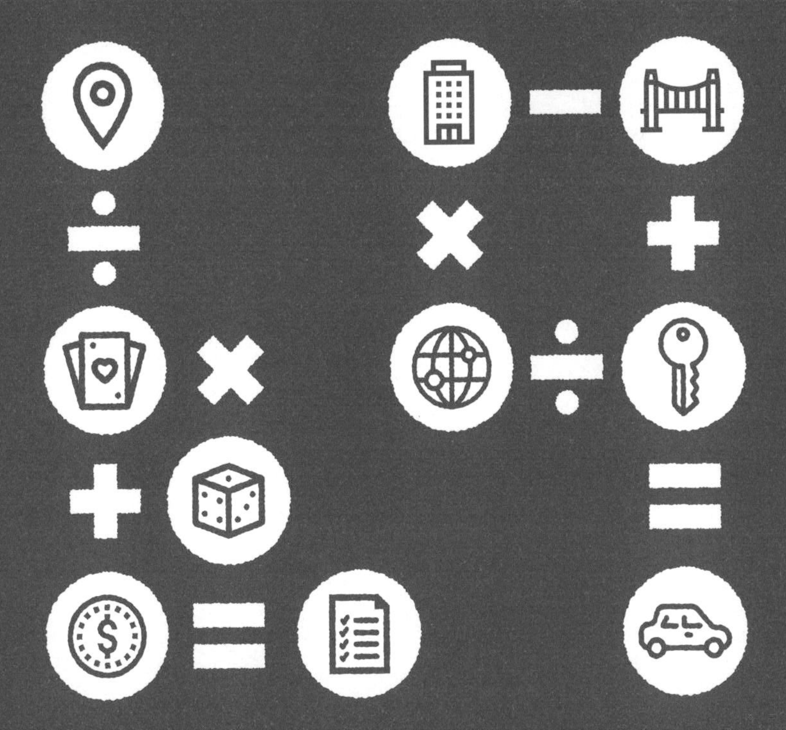

움마시市 인근에 살던 어느 작업 감독관이 그해의 결산보고서를 작성하고 있다. 움마는 지금의 이라크 동남쪽에 있었던 고대 도시다. 시간 배경은 메소포타미아의 우르 제3왕조 슐기Šulgi 왕이 통치하던 기원전 2034년으로, 그 일대가 전부 슐기 왕의 소유였다.

작업 감독관은 형편없는 실적에 좌절했다. 자신이 부리는 일꾼들의 연간 작업 일수를 국가가 정해주는데, 지난 몇 년간 연이어 실적을 채우지 못했기 때문이다. 그렇게 몇 년이 지나고 보니 채워야 할 작업 일수가 무려 6760일에 달했다. 엎친 데 덮친 격으로 계산상 착오까지 일어나는 바람에 그해의 작업 일수는 7421일로 불어났다. 작업 일수는 국가에 상납해야 할 공물과 같았다. 즉 해당 작업 감독관의 빚이 눈덩이처럼 불어난 것이다. 슐기 왕은 그 감독관이 국가에 진 채무를 곡식이나 현물로 변제할 수 없다는 사실을 알고는 감독관이 사망했을 때 살던 집과 자산, 심지어 거느리던 식솔마저 국가에 바치라는 판결을 내렸다.

당시 육체노동자들의 삶은 고단하기 짝이 없었다. 여성들은 그나마 엿새에 한 번씩 쉴 수 있었지만, 건장한 남성들은 열흘에 한 번 쉴 수 있었다. 은퇴라는 개념은 아예 없었고, 나이가 들어서도 죽을 때까지 노동을 해야 했다. 슐기 왕은 어떻게 그처럼 강도 높은 노동을 백성들에게 강요할 수 있었을까? 그 비결은 부기 방식에 숨어 있다. 작업 감독관이 작성한 연례 결산보고서는 오늘날 기업들이 작성하는 보고서와 크게 다르지 않았다. 다만 슐기 왕은 복식부기複式簿記

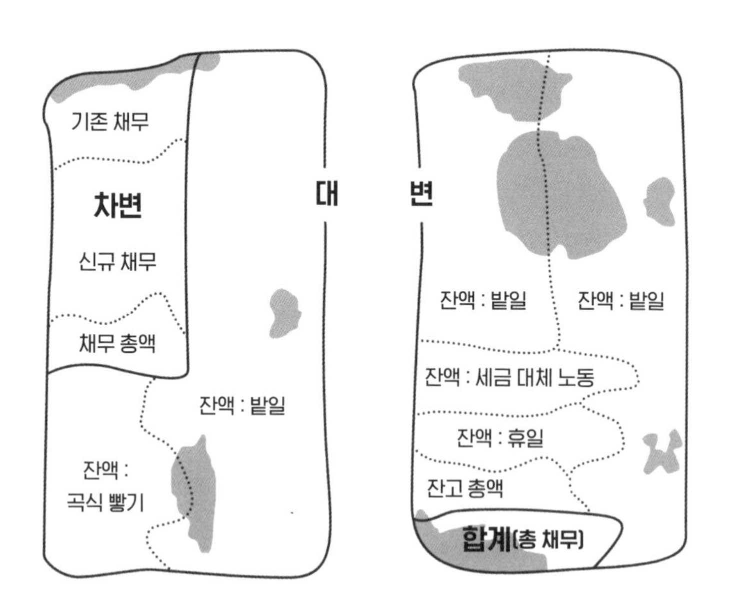

그림 1. 기원전 2000년경의 회계장부

방식을 적용했다. 영수증과 계산서, 잔고, 어음 등을 모두 관리함으로써 국민들의 재정 상황을 일목요연하게 파악한 것이다. 그러나 당시 회계장부 작성 방식은 너무 복잡해서 슐기 왕 사후에 폐지됐고, 그로부터 3500년이 지난 서기 1500년께에 유럽에서 부활했다. 슐기 왕 시절과 비슷한 국가 주도의 계획경제가 도입된 것은 훨씬 나중의 일이다.

슐기 왕의 부기 방식은 백성들 처지에서는 이루 말할 수 없이 잔인했다. 일해야 하는 날이 터무니없이 많아서 백성 전체가 국가에 빚을 진 상태였다. 해당 부기 방식의 유일한 장점은 수많은 점토판을 남겼다는 것뿐이다. 그 시절의 영수증, 청구서, 연례 결산보고서 등이 점토판 위에 잘 보존된 덕분에 움마시 노동자들의 생활상에 관해 많은 것을 알 수 있다. 기원전 2034년에 작성한 그 작업 감독관의 점토판 연례 결산보고서는 보존 상태도 꽤 좋았다(〈그림 1〉에 회색으로 표시한 곳은 훼손된 부분).

이 결산보고서는 숫자의 필요성을 잘 드러낸다. 특히 장부 작성과 회계 관리에 숫자가 얼마나 유용한지 알려준다. 정확한 수량을 알면 무엇이든 쉽게 계획할 수 있다. 백성들이 국가를 위해 일해야 하는 날수도 간단히 계산할 수 있다. 이처럼 수학은 다수의 대중을 일정한 방향으로 몰아가는 힘이 있다. 도시가 생겨나고 많은 이들이 한 곳에 모여 살면서부터 수학이 발달한 것도 이와 무관하지 않다.

인류 최초의 숫자들

:

슐기 왕이 권좌에 오르기 한참 전부터 메소포타미아(오늘날 이라크 영토와 대략 일치)에는 수렵꾼과 채집꾼이 있었다. 메소포타미아인들은 기원전 8000년경에 벌써 부락을 이루고 곡식과 채소, 과일 농사를 짓기 시작했다. 결과는 대성공이었다. 거대한 강 두 줄기를 끼고 있는 지형적 특성과 탁월한 관개시설 덕분에 도시 전체가 먹고살 만큼 수확량이 넉넉했다. 그러자 점점 더 많은 사람들이 도시로 몰려들고 도시 간 교류가 활발해졌다. 상인들은 물건을 팔아 큰돈을 벌 목적으로 전국을 종횡무진 누볐다. 이에 따라 전국을 관리할 중앙정부의 필요성이 대두되었다. 씨족 마을이나 부족 마을처럼 소수의 사람들이 모여 사는 곳에서는 질서가 잘 유지되었다. 서로가 서로를 속속들이 아는 소규모 공동체였기 때문이다. 그러나 도시 규모가 커지면서 통제가 어려워지자 도시국가 형태의 대규모 관리 체제가 들어섰다. 그리고 도시국가들은 세금을 인상했다!

증세는 생각만큼 쉽지 않았다. 숫자가 없었기 때문이다. 당시 납세는 로보다족과 비슷한 방식으로 이루어졌다. 나라에서 '대략' 책정한 곡물을 백성이 바치는 식이었다. 물론 백성들은 세금을 내고 나면 자신에게 얼마가 남을지 계산할 능력이 없었다. 나라에서 해마다 똑같은 양의 세금을 징수한다는 보장도 없었다. 저마다 얼마만큼의 세금을 납부해야 하는지 삼삼오오 모여 수다를 떨 때면 장황한 설명이 이어졌다. 다시 강조하지만, 숫자가 없었기 때문이다. 수량이나 수치를 숫자 없이 거론하기가 얼마나 번거로운지는 굳이 말하지 않아도 잘 알 것이다. 그러나 도시국가들은 결국 더 많은 세금을 거둬들일 묘안을 개발해냈다.

모든 것은 창고에서 시작되었다. 메소포타미아의 두 도시국가인 수사와 우루크는 확장에 확장을 거듭했으며, 도시 내 창고들의 규모도 덩달아 거대해졌다. 창고에 보관된 식량의 양을 꼼꼼히 파악하고 기록하기 위해 상인들은 점토로 된 돌, 즉 물표token를 활용했다. 점토 돌의 모양은 균일했지만 거기에 적힌 기호들은 똑같지 않았다. 아무도 그 돌들로 연산을 하지는 않았지만, 오늘날 이는 셈돌counting stone 또는 계산돌calculating stone이라고 불린다. 당시 셈돌이 대단한 활약을 펼친 것은 확실하다. 돌 하나는 곡식 한 바구니나 양 한 마리 등 일정량의 식량을 뜻했다. 상인들은 각 셈돌에 표시된 기호와 돌의 개수를 기준으로 창고에 비축한 식량의 양을 파악했다. 더 이상 바구니나 고깃덩이를 일일이 셀 필요가 없어진 것이다.

시간이 지나면서 점토 물표의 활용 범위는 차츰 넓어졌다. 그전까지만 해도 도시국가가 몇 광주리의 세금을 거둬들일지 공표할 방법이 마땅치 않았다. 숫자를 가리키는 어휘들이 아직 존재하지 않았기 때문이다. 이에 수사에서는 속이 빈 커다란 점토 항아리에 작은 물표들을 담고 봉인하는 방법을 고안했다. 작은 물표의 개수는 정부가 필요로 하는 곡식 광주리의 개수를 의미했는데, 점토 물표 하나는 대개 광주리 하나를 가리켰다. 광주리 수를 일일이 세지 않아도 물표만으로 수량 확인이 가능한 것이다. 기원전 4000년쯤부터 수사 사람들은 사원에 바칠 공물이나 세금을 계산할 때도 점토 물표를 활용했다. 그러나 세금 정산은 여전히 숫자가 없는 상태에서 난감한 문제로 남아 있었다.

우루크 당국은 여기에서 한 발짝 더 나아갔다. 초기에는 우루크도 수사처럼 속이 빈 점토 항아리에 셈돌을 담아 보조금이나 세금 규모를 확인하고 통보했다. 봉인한 점토 항아리는 배달 사고 방지에도 유용했다. 다만 작은 돌을 큰 단지 안에 넣고 봉인하는 과정은 몹시 번거로웠다. 언제부턴가 우루크인들은 셈돌 대신에, 셈돌을 담은 커다란 용기 바깥쪽에 표식을 한 번만 새기는 방법을 썼다. 점토에 새긴 자국은 어차피 잘 지워지지 않고 변조하기도 힘드니, 점토 용기에 새기든 작은 셈돌에 새기든 매한가지라고 여긴 것이다. 당시 점토 용기에 새겼던 기호들은 훗날 숫자로 발전했다. 각각의 기호가 어디에서 왔고 누가 만들었는지는 알 수 없지만, 우루크인들은 어떤 기호가 곡식 한 광주리를 뜻하고 어떤 기호가 양 한 마리를 뜻하는지를 자연스레 익혔다. 그것이 바로 인류가 가장 먼저 사용한 단어들이었다. 완전한 문장은 그로부터 700년이 지난 뒤 점토판에 새겨졌다.

그렇게 메소포타미아에서 최초의 숫자들이 탄생했다. 점토 항아리에 들어 있는 물표의 개수를 용기 외부에 표시한 데서 비롯된 것이다. 시간이 좀 더 흐른 뒤에는 울퉁불퉁하거나 둥그런 점토 용기 대신 납작한 점토판에 기호를 새겼다. 그 기호들은 점점 더 널리 퍼졌고 우루크인들은 기호를 단순화했다. 똑같은 기호를 점토판에 열

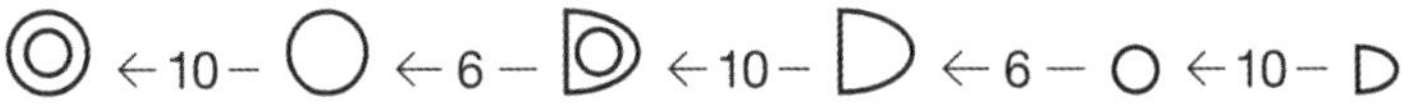

그림 2. 메소포타미아 최초의 숫자들

맨 오른쪽 작은 반원은 숫자 1을 뜻한다. 10은 작은 원, 60은 큰 반원으로 표시한다. 숫자 600, 즉 큰 반원이 10개가 될 때는 큰 반원 안에 작은 원이 들어간 기호를 쓴다. 같은 원리로 3,600은 큰 원, 36,000은 큰 원 안에 작은 원이 들어간 기호로 나타낸다. 60을 기준으로 기호의 크기가 달라지는 이유는 메소포타미아인들이 60진법을 사용했기 때문이다.

번 새기려면 여간 힘들지 않으니, 하나의 기호로 많은 양을 표시할 방법을 고안해냈다. 큰 수가 탄생하는 순간이었다. 양 한 마리와 알곡 한 광주리에 공히 사용할 수 있는 시스템이었다. 이 모든 것이 가능했던 이유는 수사와 우루크에서 세금을 효율적으로 걷을 명료한 회계감사 방식이 필요했기 때문이다. 지금 우리가 숫자라는 문명을 누리게 된 것이 결국 조세 징수의 효율을 높이려던 고대인들의 노력 덕분이라는 얘기다.

인류 최초의 숫자들은 작은 각角 모양이나 원 모양을 띠고 있다. 확실하지는 않지만 점토에 기호를 새길 때 활용한 연장의 모양 때문이었을 것으로 추정된다. 연장의 한쪽 끝은 둥그런 모양이고 나머지 한쪽은 비교적 뾰족한 형태였다. 당시 사람들은 오른쪽에서 왼쪽으로 읽고 썼다. 〈그림 2〉에서 맨 오른쪽의 작은 반원은 1을 뜻한다. 2~9를 나타내려면 같은 모양의 반원을 그 수만큼 왼쪽 방향으로 새겨야 했다. 숫자 10을 쓸 때는 다른 기호, 즉 원을 활용했다.

메소포타미아의 숫자 체계는 현재 우리가 사용하는 숫자 체계와는 많이 다르다. 메소포타미아인들은 작은 원을 열 번 그려서 100을 나타내는 대신 여섯 번째, 즉 59 다음 숫자인 60에 도달하면 기호를 커다란 쐐기로 바꾸었다. 이와 같은 방식으로 36,000까지 표기할 수 있었다고 한다. 그보다 큰 숫자는 표기할 방법이 없었지만 별 문제는 아니었을 것이다. 그때만 해도 창고에 3만 6000광주리보다 많은 곡식을 보관할 정도의 재력가는 매우 드물었기 때문이다.

메소포타미아인들은 쐐기문자라는 독특한 문자를 갖게 되면서 이전과는 다른 방식으로 숫자를 표기했다. 쐐기문자 덕분에 더 큰 단위의 수도 기록할 수 있었다. 그 형태는 대략 〈그림 3〉과 같다. 기호들을 보면 해당 문자가 왜 '쐐기문자'라고 불리는지 단번에 알 수 있다. 메소포타미아인들은 쐐기 모양의 부호들을 이용해 문자 체계를 개발했다. 심지어 분수까지 표기할 수 있었다. 이 모든 문명이 발달한 배경에는 경제적 번영을 향한 메소포타미아인들의 갈망이 있었다.

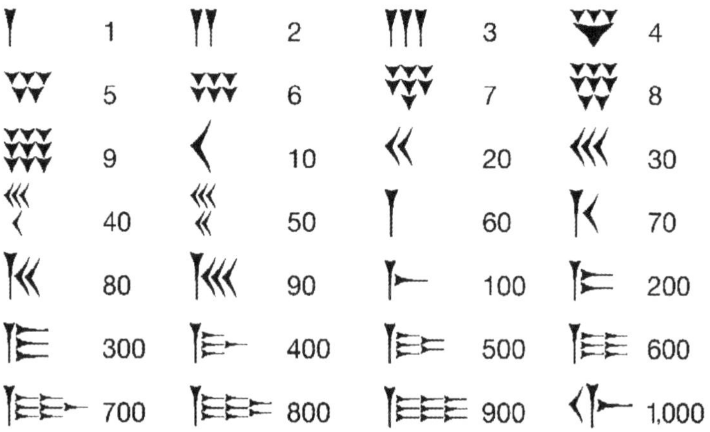

1 2 3 4
5 6 7 8
9 10 20 30
40 50 60 70
80 90 100 200
300 400 500 600
700 800 900 1,000

그림 3. 쐐기문자로 표시한 60진법

우루크나 수사 같은 도시국가들은 숫자를 주로 세금 관리에 활용했지만 식량 재고량을 관리하는 목적으로도 썼다. 창고에 곡식이 얼마나 보관되어 있는지, 논밭에 자라고 있는 식량의 양이 얼마나 되는지, 그 양이면 백성들이 먹기에 충분한지 등을 점검하기 위함이었다. 그해에 식량이 부족할 듯하면 더 많은 씨앗을 뿌리라고 명하고, 어느 정도의 면적에 농사를 지어야 할지도 알려주었다. 당시에는 풍작이 흉작만큼이나 반갑지 않은 일이었다. 제대로 된 저장 시설이 없는 탓에 수확한 양곡과 채소 등을 썩혀버리는 일이 비일비재했기 때문이다.

얘기가 다시 샛길로 빠지는 것 같지만, 메소포타미아 최고의 필경사筆耕士들은 지금으로 치면 회계사 역할까지 수행했다. 필경사들은 각 사원을 이끄는 지도자들과 더불어 식량 관리를 책임졌다. 이들은 글쓰기뿐 아니라 계산법과 측량법도 공부했는데, 그 덕분에 자연스레 회계사나 측량사 역할까지 맡게 되었다. 쉽게 말하면 수많은 필경사가 공인회계사로 활약한 셈이다. 실제로 메소포타미아의 필경사들은 상인들 사이의 거래 관계도 처리했으며, 건설 작업에 몇 명의 인력이 필요한지도 계산했다. 세월이 흐르면서 수학의 도움이 필요한 분야는 점점 더 늘어나고 건물의 형태도 기하학과 도형을 활용해 결정하는 경우가 많아졌다. 그래서 필경사가 건축가가 되는 경우도 많았는데, 나중에는 왕에게 공물을 바치는 작업 감독관으로 활동하기도 했다.

메소포타미아 학생들이 풀었던 수학 문제

:

메소포타미아의 필경사들은 주어진 모든 임무를 완수하기 위해 적절한 교육을 받아야 했다. 당시 교육이 어떻게, 어느 분야에 중점을 두고 이루어졌는지에 대해서는 생각보다 알려진 바가 많다. 기원전 1740년에 존재했던 학교 하나를 발굴해낸 덕분이다. 학교에서는 학생들에게 암산과 함께 특정 물품을 분배하는 방식, 수학과 일상 문제 해결과의 연관성을 중점적으로 가르쳤다. 그것이야말로 필경사가 반드시 갖춰야 할 능력이었기 때문이다. 게다가 어설픈 수학 지식으로 필경사 일에 발을 들였다가는 호사가들의 표적이 되기 십상이었다. 당시 학생들에게 수학이 얼마나 중요한 과목이었는지를 보여주는 일화가 하나 있다.

어느 젊은 학생이 연배가 꽤 되는 선배와 대화를 나누게 되었다. 선배는 후배들의 수준이 한심할 정도로 낮아졌다고 한탄했다. 요즘 젊은것들은 아무것도 할 줄 모른다, 토지 한 부지를 두 사람에게 나눠주는 것조차 제대로 모른다고 조롱했다.

후배는 발끈하며 이렇게 되받아쳤다.

"무슨 근거로 우리에게 그 정도 능력도 없다고 속단하시나요? 지금 당장 아무 현장으로든 날 데려가보시죠. 멋지게 실력을 발휘해줄 테니!"

그러자 선배가 껄껄 웃으며 말했다.

"그런 뜻은 아니었다. 노끈만 있다면 누가 그 땅을 당사자들이 원하는 대로 나누지 못하겠느냐. 다만 계약서를 작성할 때는 현장에 가지 않고 노끈 없이 오직 계산만으로 해결해야 하는데, 아직 신참인 자네가 거기까진 해내지 못할걸!"

예나 지금이나 수학에는 언제나 실용적인 목적이 내포되어 있다. 그렇지만 수학을 가르칠 때 실용성에만 중점을 둔 것은 아니다. 메소포타미아 중앙부에 위치한 도시국가 니푸르 학생들의 수학책에도 연산 문제가 그득했다. 학생들은 비슷한 문제들을 풀고 또 풀어야 했다. 교사의 풀이 과정을 보고 또 보며 어떻게 풀어야 정답이 나오는지를 익히고 또 익혔다. 수학뿐 아니라 다른 과목도 비슷한 방식으로 학습했다.

니푸르의 학생들 또한 처음에는 글자부터 배웠다. 읽기와 쓰기부터 배운 것이다. 교사가 단어 여러 개를 제시하면 그 단어들이 온전히 자기 것이 될 때까지 쓰고 또 썼다. 장소나 육류의 종류, 무게, 길이 등에 관한 기본 단위를 익히고 나서야 수학 수업을 받을 수 있었다. 산술이나 기하학도 도표나 목록을 달달 외우며 익혔다. 배움을 연마하고 실력을 쌓기 위해 나중에는 주로 쓰이는 계약서 양식 몇 가지를 달달 외웠다. 어떻게 외웠느냐고? 다들 짐작했겠지만 무식하게 베껴 쓰는 방식이었다.

그렇다고 모든 것을 오로지 되풀이와 베껴 쓰기로만 익힌 건 아니었다. 기계적인 외우기로 모든 과제를 해결할 수 있는 것도 아니었다. 때때로 니푸르의 학생들은 다음과 같이 실제 상황과 관련된 문제를 풀었다.

문제 1

울타리가 하나 있다. 울타리의 두께는 2큐빗이고 가로 폭은 $2\frac{1}{2}$닌단이며 높이는 $2\frac{1}{2}$닌단이다.* 그렇다면 이 울타리에 돌이 얼마나 사용됐을까?

문제 2

울타리가 하나 있다. 울타리의 가로 폭은 $2\frac{1}{2}$닌단이고 높이는 $2\frac{1}{2}$닌단이며 사용된 돌은 45Sar_b다.** 그렇다면 이 울타리의 두께는 얼마일까?

문제 3

면적이 5Sar_a인 가옥이 한 채 있다.*** $2\frac{1}{2}$닌단 높이로 집을 지으려면 돌이 얼마나 필요할까?

흠, 이 정도 문제들이라면 우리도 도전해볼 만하다. 그러나 당시 학생들은 이보다 더 터무니없이 난해한 문제들도 풀어야 했다.

문제 1

울타리가 하나 있다. 울타리의 높이는 11닌단이고 돌의 양은 45Sar_b다. 울타리의 가로와 세로 비율은 2.20 이상이었다(10진법으로 환산하면 140 이상이라는 뜻이다. 메소포타미아에서는 60진법을 따랐기 때문에 2.20 : 2 × 60 + 20이다). 그렇다면 울타

* 1큐빗 = 30손가락넓이 = 50센티미터. 1손가락넓이 = 1.66센티미터. 1닌단 = 12큐빗 = 6미터.

** Sar_b는 수량 또는 부피의 단위다. 1Sar_b = 돌멩이 720개.

*** Sar_a는 면적의 단위다. 1Sar_a = 1닌단 × 1닌단.

리의 가로와 세로 길이는 각각 얼마인가?

문제 2

벽돌로 만든 울타리가 하나 있다. 울타리의 높이는 1닌단이고 벽돌의 양은 9Sar$_b$다. 울타리의 가로 폭과 세로 폭을 합한 값은 2.10닌단(10진법으로 환산하면 130)이다. 그렇다면 울타리의 가로 폭과 세로 폭은 각각 얼마인가?

문제 3

벽돌로 만든 울타리가 하나 있다. 이 울타리를 세우기 위해 9Sar$_b$의 벽돌을 사용했다. 울타리의 가로 폭이 세로 폭보다 더 길고 그 비율은 1.50(10진법으로 환산하면 110)이다. 높이는 1닌단이다. 그렇다면 이 울타리의 가로 폭과 세로 폭은 얼마인가?

우선 〈문제 1〉과 〈문제 3〉부터 살펴보자. 울타리 하나가 있는데 가로세로 길이의 비율이나 가로세로 두께의 비율은 주어졌다. 이때 가로 폭과 세로 폭의 길이를 어떻게 구할까? 측정할 수만 있다면 답이 금방 나오겠지만 상황상 그럴 수 없다. 문제 속 정보를 이용해 계산하는 것만으로 과연 정답을 구할 수 있을까? 〈문제 2〉는 더 이상하다. 가로 폭과 세로 폭의 합만으로 어떻게 둘의 정확한 수치를 구하라는 거지? 실제 상황에서 이런 난제를 풀 일이 한 번이라도 있을까?

교사들은 왜 이렇게 난이도가 높은 문제를 냈을까? 수학을 일상생활에 잘 활용하게끔 하려는 목적은 분명 아닌 듯하다. 학생들을 진저리 치게 만들었을 그 문제들은 필경사 지망생들의 수학數學 실력이 아니라 기본적인 수학修學 능력을 평가하기 위한 것으로 추정된다. 문제는 그 복잡한 시험문제들이 실생활에 큰 도움이 되지 않았다는 것이다. 본래 이 학교는 실용적인 목적에서 학생들에게 수학을 가르치기 시작했지만, 수학이라는 학문의 수준이 점차 높아짐에 따라 결국 수학 교육을 조금씩 등한시했다. 이런 문제를 풀게 하는 교육 방식이 도시국가를 운영하는 데 꼭 필요하지는 않다고 판단한 것이다.

어쩌면 학교의 생각이 틀렸을지도 모른다. 그렇게 복잡하고 어려운 수학이 만에 하나라도 도움 될 일이 있지 않을까? 예컨대 〈그림 4〉와 같은 문제를 풀 때 복잡한 수학적 사고가 쓸모없다고 누가 감히 말할 수 있을까? 자, 길이가 d인 막대기 하나가 벽 한쪽에 비스듬

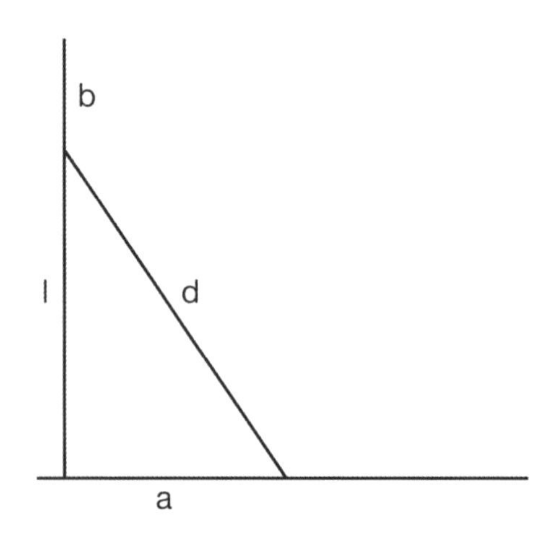

그림 4. 메소포타미아인들도 이미 알고 있었던 피타고라스의정리

히 놓여 있다. 막대기의 꼭대기가 벽과 맞닿아 있는 지점에서 바닥까지의 길이는 l이다. 그 지점부터 벽 끝까지의 높이는 b다. 여기서 문제! 막대기의 길이가 5미터, 막대기가 벽과 맞닿은 지점의 높이가 바닥부터 4미터라면, 막대기 아래쪽 끝 지점이 바닥과 맞닿은 지점과 벽까지의 거리, 즉 a의 길이는 얼마일까?

학창 시절 수학 시간을 떠올리면 문제의 답을 금세 알아낼 것이다. 막대기와 벽, 바닥이 직각삼각형을 이루고 있기 때문이다. 우리 중 대부분은 $a^2 + b^2 = c^2$이라는 피타고라스의정리를 배웠다. 〈그림 4〉를 공식에 대입하면 $a^2 + l^2 = d^2$이 된다. 따라서 막대기 아래쪽 끝 지점과 벽까지의 거리(a)는 3미터다. $3^2 + 4^2 = 5^2$이기 때문이다. 놀랍게도 메소포타미아인들은 피타고라스가 태어나기 1500년 전에 벌써 이 원리를 알고 있었다! 물론 공식을 안다 해도 비스듬히 놓은 막대기의 끝 지점과 벽과의 거리를 잴 때는 그다지 유용하진 않았을 것이다. 눈앞에 벽과 막대기와 바닥이 있고 벽의 높이를 이미 알고 있다면 왜 굳이 골치 아프게 머리를 쓰겠는가. 아무 도구나 사용해서 높이와 바닥의 비율만 재면 그만이지! 그럼에도 피타고라스의정리는 실용적일 때가 있다. 어쩌다 직각삼각형을 꼭 만들어야 할 때 $a^2 + b^2 = c^2$이라는 공식만 알고 있다면 누워서 떡 먹기일 테니까.

수학은 메소포타미아 시대에 상당한 발전을 이루었다. 메소포타미아인들의 수학 실력은 기원전 1800년경에 이미 난이도가 꽤 높은 문제를 풀 수 있을 만큼 뛰어났다. 그리스인들보다도 훨씬 앞선 시점이다. 메소포타미아인들은 $x^2 + 4x = \frac{41}{60} + \frac{40}{3600}$일 때 x값이 얼마인지도 구할 수 있었다. 적어도 슢기 왕이 왕위에 오르기 전까지는 그랬다. 슢기 왕은 수학이 사람들의 자주적인 사고 능력을 발달시킨다고 믿었고, 그래서 신하와 백성들이 수학을 배우는 걸 싫어했다. 자라나는 아이들이 뛰어난 수학 실력을 갖추게 되면 왕에 대한 충성심은 줄어들 것이라고 보았기 때문이다.

이쯤에서 앞 장에서 제기한 의문을 떠올려보자. 인류는 어쩌다 수학에 심취하게 되었을까? 메소포타미아의 경우 도시국가를 효율적으로 통치하기 위해서였다. 수학 덕분에 세금 징수나 식량 관리, 주택 건설이 훨씬 용이해졌다. 도시국가들은 늘어난 인구를 숫자 없이 관리하기는 힘들었을 것이다. 하지만 방금 전에 살펴본 것처럼 수학 시간에 늘 실용적인 지식만 가르치진 않았다. 아무짝에도 쓸모없는 '지식을 위한 지식'을 가르칠 때도 많았고, 그렇게 쌓은 지식은 사회적 지위의 상징으로 작용했다. "이것 봐. 난 이런 것도 해낼 수 있다고!"라며 남들에게 지식을 뽐내는 수단으로 쓰인 것이다. 슢기 왕도 그런 사람들 중 하나였다. 부하나 백성의 학식이 높아지는 건 꺼리면서 정작 자신은 지식을 독점하고 싶어 했다.

빵과 맥주가 낳은 분수

:

고대이집트 어느 마을에서 두 남자가 직업 선택을 두고 대화를 나누고 있다. 한 남자가 친구에게 농사를 지으며 살아가면 어떻겠냐고 제안했다. 친구는 이렇게 말했다.

"아냐. 필경사가 되는 게 좋겠어. 그거야말로 멋진 직업이지! 농부는 온종일 땀 흘리며 일해야 하잖아? 밭을 갈고 수확하고 관개시설도 손봐야 하고…… 할 일이 산더미지. 그런데 필경사는 편안한 사무실에 들어앉아 이런저런 글만 쓰면 되잖아?"

그러자 첫 번째 남자가 말했다.

"들어보니 그럴싸한데? 알았어. 농부가 되겠다는 건 좋은 생각이 아닌 것 같아. 근데 말이야, 건축 현장에서 일하는 건 괜찮지 않을까?"

그다음에 이어질 대화는 듣지 않아도 뻔하다. 웃자고 지어낸 일화 속에서 한 남자는 온갖 직종을 차례로 제안하고 다른 남자는 그때마다 필경사보다 더 편한 직업이 없다고 반박한다. 이 이야기가 주는 교훈은 이렇다. '필경사는 내가 낼 세금을 계산하는 사람이다. 따라서 내가 직접 필경사가 되든, 아니면 최소한 필경사 친구 한 명쯤은 두는 편이 좋다!' 지금은 세무사나 회계사의 위상이 다른 직업에 견주어 극단적으로 차이 나지 않지만, 당시 필경사는 이른바 특권층에 속했다. 그러나 고대의 세무사나 오늘날 국세청에서 세무회계를 담당하는 이들이나 매일같이 숫자와 씨름하고 수학을 활용한다는 점에서 본질적인 차이는 없다.

고대이집트의 상황도 메소포타미아와 매우 비슷했다. 이집트에서도 수학자나 필경사가 세금 징수 과정에서 핵심적인 역할을 도맡았다. 결정적인 차이가 하나 있다면, 고대이집트의 세무 관리에 관해서는 메소포타미아보다 알려진 바가 훨씬 적다는 점이다. 메소포타미아인들은 세금과 관련된 내용을 점토판에 새겼고, 훗날 이것이 발굴되었을 때도 거의 손상되지 않은 상태였다. 반면 이집트인들은 파피루스라는 쉽게 부스러지는 섬유질 종이에 문자를 기록했다. 당시 이집트인들이 카이로나 알렉산드리아 같은 대도시에 모여 살았던 것도 문서 보존에 불리하게 작용했을 수 있다. 그래서인지 지금까지 전해 내려온 고대이집트의 문서 중 수학과 관련된 것은 여섯 건밖에 되지 않는데, 모두 중왕국(기원전 2055~기원전 1650) 시대의 문서다. 기제 지구에 대규모 피라미드들을 건설한 고왕국(기원전 2686~기원전 2160)이나 신왕국(기원전 1550~기원전 1069)에 관해서는 더더욱 알려진 바가 없다.

잠깐! 돌판에 새겨진 수많은 상형문자는? 그럼 이집트문자에 관해서도 알려진 사실이 꽤 많은 게 아닌가? 충분히 합리적인 추론이다. 다만 상형문자는 국왕이나 신에 관한 내용을 기록할 때만 사용했다. 그 밖의 행정 문서는 모두 상형문자와는 완전히 다른 신관문자hieratic script로 기록했고 숫자 표기도 마찬가지였다.

신관문자로 기록한 숫자는 기원전 3200년께에 작성된 것으로 추정되는 문서에 최초로 등장한다. 시기상 메소포타미아인들이 점토판에 글을 새기기 시작한 때와 거의 일치한다. 이집트 문서들도 국가 행정과 관련된 것들인데, 인명과 지명 그리고 다양한 물건의 개수가 적혀 있다. 나일강의 수위를 적어놓은 문서도 있는데, 각 지역에 세금을 매길 때 나일강의 수위를 하나의 기준으로 삼은 것으로 보인다. 결국 이집트인들도 행정적인 이유, 즉 백성들이 내야 할 세금을 계산하고 1년에 두 번 식량 비축량을 파악할 목적으로 숫자를 활용했다고 추정할 수 있다.

〈그림 5〉에서 볼 수 있듯 이집트의 숫자 체계는 오늘날 우리가 쓰는 것과 매우 비슷하다. 9 다음에는 아예 새로운 기호를 사용했으며 99 다음에도 마찬가지였다. 단, 0이라는 숫자는 아직 존재하지 않았다. 0은 그로부터 한참 뒤에 인도에서 처음 등장했다.

이집트인들은 숫자 위에 점 하나를 찍어 분수를 표기하기도 했다. 2 위에 점 하나를 찍으면 $\frac{1}{2}$이 되는 식이다. 가독성을 높이기 위해 숫자 위에 점 대신 선을 하나 그어서 설명해보겠다($\dot{2}$ 대신 $\bar{2}$로 표기).

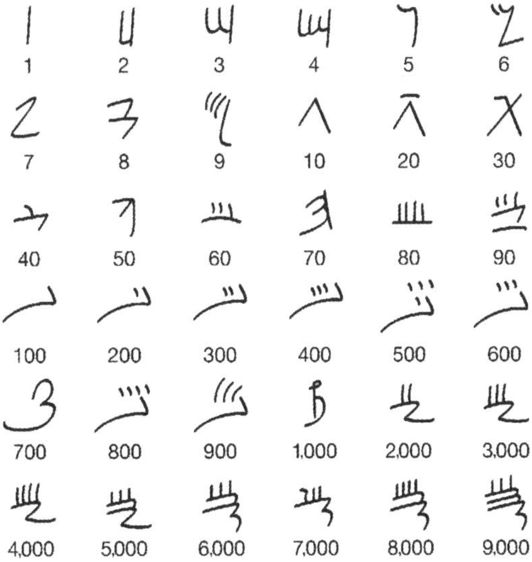

그림 5. 신관문자로 쓴 고대이집트의 숫자

그런데 과연 이 방식으로 모든 분수를 표기할 수 있을까? 이집트인들은 분수를 정수에 반대되는 숫자라고 생각했다. 2의 반대는 $\frac{1}{2}$이라고 여겼다. 그러나 $\frac{5}{7}$는 7에 반대되는 수가 아니다. 어떤 정수에도 반대되지 않는다. 그런데도 고대이집트 문서에는 $\frac{5}{7}$처럼 복잡한 분수들이 등장한다. 이 또한 행정상의 이유 때문이었을 것으로 보인다. 다만 이집트인들은 이렇게 복잡한 분수를 단위분수, 다시 말해 분자가 1인 분수들의 합으로 표기했다. 예를 들어 $\frac{3}{4}$은 $\frac{1}{2}$과 $\frac{1}{4}$을 합한 형태, 즉 '$\bar{2}$ $\bar{4}$'로 나타냈다. $\frac{5}{7}$는 어떨까? $\frac{5}{7} = \frac{1}{2} + \frac{1}{7} + \frac{1}{14}$이므로 '$\bar{2}$ $\bar{7}$ $\overline{14}$'이 된다. 직접 계산해보면 알겠지만 이 방식은 두통을 유발할 정도로 복잡하다. 그래서인지 이집트인들은 매번 분수를 계산하는 대신에 자주 쓰는 주요 분수들을 달달 외워버렸다.

분수는 주로 빵과 맥주의 양을 계산할 때 필요했다. 빵과 맥주는 당시 이집트 경제를 굴러가게 하는 원동력이었다. 아직 화폐가 등장하기 전이었다. 동전은 기원전 390년경 그리스 용병을 받아들인 뒤부터 사용했다. 그리스 용병들은 빵이나 맥주로 보상받는 걸 대놓고 거부하고 그리스 은화로 월급을 지급해달라고 요구했다. 그러면서 이집트에서도 동전이 널리 통용되었다. 사용해보니 더없이 편리했기 때문이다.

그리스인들을 받아들이기 전까지 이집트 통치자들은 수천 년의 세월 동안 돈이라는 결제 수단 없이 전국을 관리했다. 피라미드를 건설하는 과정에서도 현금은 일절 오가지 않았다. 그럼에도 엄청난 인원을 동원했다는 것은 신화의 영역에 가깝다. 물론 피라미드 축조에 동원된 인력들이 무보수로 봉사한 건 아니었다. 인부들의 보수는 전부 빵과 맥주로 지급했으며 분수까지 쓸 정도로 보상의 양을 정확하게 계산했다. 그뿐이 아니다. 이집트인들은 직업별로 임금 목록을 작성했고, 사제들에게도 빵과 맥주로 보수를 지급했다. 사제들은 매일 2 $\bar{\bar{3}}$ $\overline{10}$ 통(2$\frac{23}{30}$통) 분량의 맥주를 지급받았다.* 어느 누구도 그렇게 많은 양의 맥주를 날마다 마실 수는 없었다. 따라서 자기가 마실 만큼을 제외한 나머지 맥주는 다른 물건과 교환했다.

모두들 그런 방식으로 필요한 물건을 손에 넣었다. 침대가 필요하면 자신이 가진 현물 중 상대가 필요로 하는 물건과 침대를 맞바꿨다. 심지어 주택도 구입할 수 있었다. 이집트인의 물물교환 방식이 피라항족의 거래 방식만큼이나 모호하다고 생각할 수 있겠지만 실제로는 그렇지 않았다. 이집트인들에게는 숫자가 있었기 때문이다. 물품의 가격은 고정된 편이었다. 다만 집이나 황소처럼 덩치가 크고 꽤 값나가는 물건은 필경사를 거쳐야 했다. 필경사는 서로 교환해야 할 물건의 양을 계산한 뒤 불만의 여지를 미연에 잠재우기 위해 그 내용을 계약서에 못 박았다. 필경사들은 늘 빵과 맥주의 양을 계산해야 했다. 각종 계약서나 임금 내역서에 가장 많이 등장하는 품목이 빵과 맥주였기 때문이다.

필경사는 군대의 식량 보급에도 관여했다. 부대원들을 배불리 먹이기 위해 식량이 얼마나 필요한지 계산하는 전담 필경사까지 존재

* $\bar{n}$ 규칙의 한 가지 예외로, 3의 경우 선 2개를 그으면 $\frac{2}{3}$로 쓸 수 있다.

했다. 중왕국 시대 어느 필경사가 동료들의 실수담을 기록한 문서가 있다. 어느 날, 한 필경사에게 부대원 5000명이 꽤 오랜 기간 원정에 나서는 데 필요한 식량의 양을 계산하라는 명령이 떨어졌다. 필경사는 빵 300개와 염소 1800마리면 충분할 것 같다고 보고했다.

출정 첫날 부대원들이 필경사를 찾았다. 필경사는 호기롭게 곳간을 열었고 병사들은 식사를 시작했다. 온종일이 될지도 모를 행군을 앞둔 병사들은 최대한 배를 불려야 했다. 그런데 식사를 시작한 지 한 시간이 지나기도 전에 비상 상황이 발생했다. 식량이 동난 것이다. 병사들은 필경사에게 불같이 화를 냈다. "이런 맹꽁이가 다 있나! 뭘 어떻게 계산했기에 식량이 벌써 동이 난단 말이오?" 뾰족한 답을 찾지 못한 필경사는 그 즉시 자리에서 물러날 수밖에 없었다.

필경사는 관리자인 동시에 계산을 할 수 있는 유일한 존재였다. 임금과 세금, 군대에 보급할 식량 등 모든 것을 필경사들이 관리했다. 경작 가능한 필지와 나일강 범람 전후 놀고 있는 땅의 면적을 대조하는 일도 이들의 몫이었다. 홍수 피해를 입어 땅을 잃은 농부들에게 농토를 나눠줘야 했기 때문이다. 심지어 구두공이 신발 한 켤레를 만드는 데 걸리는 시간도 계산했다. 가죽 보급량을 최대한 합리적이고 정확하게 관리하기 위함이었다.

이집트인들이 수학을 실용적으로 활용한 사례 중에서 정점은 피라미드 건축일 것이다. 이집트인들은 피라미드를 어떤 각도로 쌓을지를 어떻게 계산했을까? 그때는 저 높은 꼭대기까지 정확하게 돌을 쌓아 올릴 방법을 알기 어려웠을 텐데? 그러나 이집트인들은 그 어려운 계산을 해냈다.

피라미드 꼭대기의 각도를 설정하려면 우선 몇 가지 정보를 사전에 확보해야 한다. 가로 폭과 세로 폭, 최종 높이를 미리 정하는 것이다. 어떤 각도로 지을지도 결정해야 한다. 각도가 정확하지 않으면 원하는 높이와 위치에 꼭짓점이 놓일 수 없다. 사방에서 돌을 쌓아 올리는 각도도 일정해야 하는데, 그래야 정사각형의 중심부에 꼭짓점이 오기 때문이다. 물론 이집트인들은 지금의 각도 개념(예컨대 40도 같은)을 사용하지는 않았다.

이집트인들은 지금과는 완전히 다른 방식으로 접근했다. 직선과 사선의 편차를 이용해 피라미드를 쌓아 올린 것이다. 〈그림 6〉을 보면 그 방법을 대략이나마 짐작할 수 있다. 〈그림 6〉에서 왼쪽 변이 90도로 쭉 올라간다면 피라미드의 형태는 삼각형이 아니라 사각형

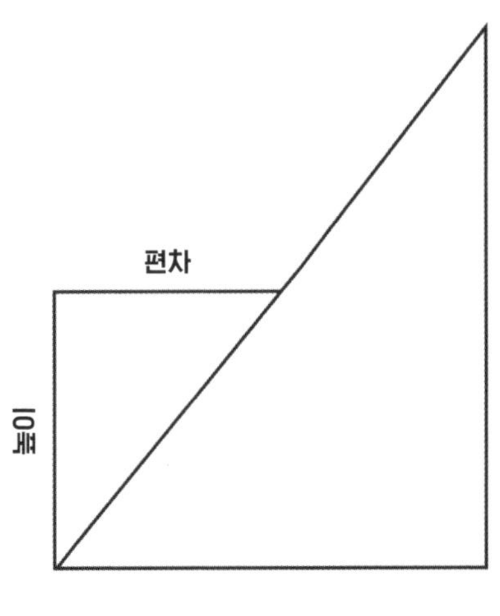

그림 6. 피라미드 각도 측정하기

이 될 것이다. 이 경우 사선은 필요하지 않고 편차는 0이 된다. 그런데 각도를 45도 정도로 줄이면 왼쪽 변과 사선 사이에 편차가 생기고, 피라미드의 아래쪽 폭과 높이는 두 배로 늘어난다.

결론적으로 이집트인들도 다양한 분야에 수학을 활용했다. 조금 부실한 필기도구들 때문에 고대이집트 수학을 속속들이 알 수는 없지만, 그래도 꽤 많은 파피루스가 비교적 괜찮은 상태로 발굴되어 이집트인의 수학적 소양이 메소포타미아인과 견줄 만하다는 사실이 밝혀졌다. 이집트 수학자들은 특히 행정 분야에서 크게 활약했다. 조세제도는 나일강의 홍수 범람까지 감안해 국정을 펼칠 만큼 잘 정비되어 있었다. 물건을 사고팔 때 쓰는 일종의 표준 계약서까지 갖춰져 있었다. 기원전 300년경에 조금 더 복잡한 메소포타미아 수학을 받아들이면서 이집트 수학이 한층 발전한 것은 사실이지만, 그전까지의 업적은 오롯이 이집트인들 스스로 쌓았다. 훌륭한 도구 없이도 복잡한 수학의 세계를 충분히 잘 활용해온 것이다.

아르키메데스의 유레카
:

고대 문명을 통틀어 그리스인보다 수학 지식을 많이 보유한 민족은 없다. 흔히 알려진 수학자들 중 그리스 출신이 괜히 많은 게 아니다. 당장 떠오르는 이름만 꼽아도 피타고라스, 유클리드, 아르키메데스 등이다. 그에 반해 그리스 수학에 관해 우리가 알고 있는 지식은 반

쪽짜리에 지나지 않는다. 그리스 수학에 관한 몇몇 문건은 보존 상태가 괜찮은 편이지만, 하나같이 이론적 차원에서 수학을 다루고 있기 때문이다. 유클리드는 기하학 이론을 집대성한 글로 이름을 알린 대표적인 수학자다. 책으로도 출간된 그의 논문에는 "선線이란 폭을 갖지 않는 길이다" 등 다양한 수학적 정의定義와 증명이 실려 있다. 유클리드의 이론은 플라톤의 사상과도 공통점이 많다. 수학을 추상적인 관점에서 다룬 것이다. 기하학을 실생활과 접목한 사례는 전혀 없었다. 다른 이론서들도 마찬가지다. 그 문건에는 당시 그리스인들이 수학을 어떻게 활용했는지, 왜 수학이라는 추상적 학문을 연구했는지가 나와 있지 않다.

그렇다고 그리스인들이 수학을 실생활에 전혀 응용하지 않은 건 아니다. 그 사실을 매우 인상적으로 증명하는 사례는 바로 사모스섬의 에우팔리노스 터널이다. 길이 1킬로미터 이상, 폭 2미터 이내인 에우팔리노스 터널은 장장 1200년 동안 1초마다 5리터의 샘물을 사모스섬의 수도로 운반했다. 그리스인들은 기원전 550년에 이미 그 터널을 완공했다. 터널 설치 과정을 둘러싼 가장 큰 미스터리는 1킬로미터가 넘는 터널을 양 끝에서 시작해 중간에서 이었다는 점이다. 양쪽의 공사 방향이 단 몇 미터만 어긋나도 터널은 무용지물이 되고 만다. 그런데 어떻게 그리스인들은 당시로서는 만만치 않은 그 작업을 성공적으로 마무리했을까?

아쉽지만 지금껏 그 비밀은 밝혀지지 않았다. 수학 이론과 실생활의 결합을 흥미진진하게 여기고 그 과정을 기록으로 남긴 로마인들과 달리, 그리스인들은 터널 공사라는 눈부신 위업을 기록하는 데 별 관심이 없었다. 그저 다각도로 추정만 해볼 뿐이다. 아마도 그리스인들은 시공 과정에서 직선과 직각삼각형을 이용한 측량으로 터널 양 끝의 방향을 조금씩 수정했을 것이다. 공사가 거의 끝나갈 무렵에는 서로 반대편에서 들려오는 망치 소리를 듣고 방향을 가늠했을 것이다. 말하자면 인간의 청력에 의지해 힘든 공사를 성공적으로 마감했다고 볼 수 있다. 그리스인들은 끊임없는 측량과 영리한 트릭을 통해 1킬로미터 길이의 터널을 뚫어냈다. 터널은 지금도 건재하다. 필요하다면 다시 수로로 활용해도 좋을 만큼 튼튼하다.

추론은 어디까지나 추론일 뿐이다. 그리스인들이 이론적 지식을 실생활에 어떻게 적용했는지 정확히 알 길은 없다. 그리스 수학의 실용성에 관해서는 여러 가정과 추론만 있을 뿐이다. 반면 이론의 영역에서 이룩한 빛나는 업적은 알려진 바가 꽤 많다. 일례로 피타고라스의정리는 피타고라스가 처음 고안한 게 아니었다(앞서 메소포타미아인들이 피타고라스보다 훨씬 일찍 이 원리를 알고 있었다고 말했다). 그렇지만 피타고라스는 수식을 이용해 법칙을 증명한 최초의 수학자였다. 피타고라스는 자신의 법칙이 항상 들어맞는다는 사실을 매우 논리적이고 매우 깔끔하게 정리했다. 피타고라스뿐 아니라 많은 그리스 수학자들이 천재성을 발휘했다. 유클리드는 각종 증명이 가득한 논문으로 자신의 존재를 만천하에 과시했고, 피타고라스는 그 유명한 법칙으로 천재성을 입증했다. 아르키메데스도 몇 가지 수학 법칙을 발견했지만 그의 명성은 유클리드나 피타고라스와는 완전히 다른 곳에서 출발했다. 그리고 두 학자보다 더 유명한 일화를 남겼다.

아르키메데스는 목욕을 하다가 물속에서 물질의 면적과 부피를 측정하는 원리를 발견한 물리학자로 유명하다. 전해 내려오는 말에 따르면 아르키메데스는 너무 흥분한 나머지 옷을 걸칠 생각도 못한 채 벌거벗은 몸으로 국왕에게 달려갔다고 한다. 그는 뛰어난 무기 개발자이기도 했다. 수년간 로마군이 아르키메데스의 고향인 시라쿠사를 칠 엄두조차 내지 못할 정도였다. 그곳에 아르키메데스가 살고 있다는 사실만으로 벌벌 떨 이유가 충분했던 것이다. 그러나 로마군은 결국 시라쿠사로 쳐들어갔는데, 그때 아르키메데스는 수학적 난제 하나에 골몰해 있었다. 아르키메데스는 자신을 향해 다가온 어느 로마 병사에게 "내 원은 건드리지 마시오!"라고 외쳤고, 이에 분노한 로마군 지휘관이 아르키메데스를 검으로 찔러 죽였다고 한다. 일화의 어디까지가 사실이고 허구인지는 영원히 베일에 싸여 있을 것이다.

풍부한 상상력이 동반된 그리스 수학자들의 일화는 이 밖에도 무수히 많다. 피타고라스가 $\sqrt{2}$는 정수로도 분수로도 표현이 불가능하다는 사실을 발견한 제자를 배 밖으로 던져 수장해버렸다는 일화도 그중 하나다.

그리스 수학자들을 둘러싼 온갖 이야기가 후세의 입담꾼들이 지어낸 신화에 지나지 않는다 해도, 아르키메데스가 면적과 부피 측량에 관한 뛰어난 이론들을 입증해낸 학자라는 사실은 변하지 않는다. 아르키메데스의 묘비에는 구球와 원기둥, 원뿔이 각각 내접한 그림이 새겨져 있다. 세 가지 기하학적 도형에 관한 유명한 증명을 남긴 위대한 수학자를 기린 것이다. 아르키메데스는 세 도형 간 부피의 비율을 최초로 정리한 수학자다. 당시 그리스인들은 면적이나 부피를 계산하는 공식을 알지 못했다. 원적문제quadrature of the circle, 즉 주어진 원과 똑같은 면적의 정사각형을 만들라는 것은 난제 중의 난제였으며, 대다수 학자들이 원적문제는 애초에 풀 수 없는 문제라는 데 동의했다. 지금까지도 독일에서는 원적문제를 가리키는 말 'Quadratur des Kreises'가 '본디 불가능한 모험'이라는 뜻으로 통용되고 있다.

아르키메데스는 원기둥과 구, 원뿔의 부피 간 비례를 입증해냈다. 〈그림 7〉의 입체도형 3개에는 각기 r라는 길이가 표기되어 있다. 이때 r는 구의 반지름인 동시에 원뿔의 밑면, 원기둥 윗면과 밑면의 반지름이다. r는 원뿔과 원기둥의 높이와도 관련이 있다. 두 입체도형

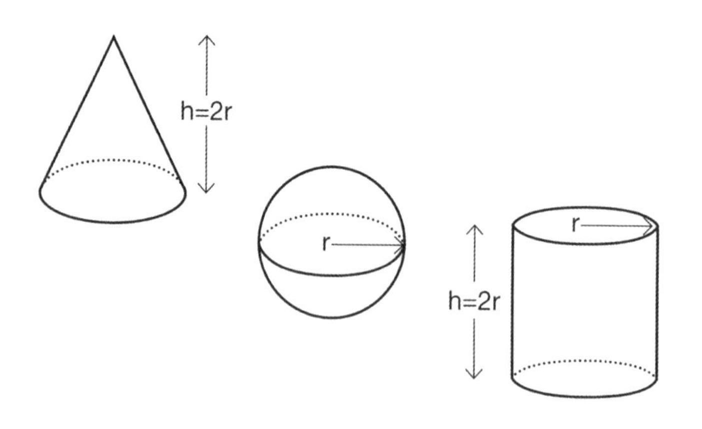

그림 7. 원뿔, 구, 원기둥의 부피 계산법

의 높이가 2r, 즉 구의 지름과 같은 것이다. 따라서 원기둥의 일정 부분을 잘라내면 원뿔이 나온다. 구 역시 원기둥 안에 집어넣었을 때 딱 맞는 크기다. 이 모든 사실을 종합하면 구와 원뿔, 원기둥의 부피 사이에 일정한 비례관계가 성립한다는 것을 짐작할 수 있다. 그리고 아르키메데스의 이러한 예측은 옳았다. 구의 부피는 원기둥의 $\frac{2}{3}$다. 원기둥의 $\frac{1}{3}$을 잘라낸 부피가 구의 부피와 일치하는 셈이다. 원뿔의 부피는 그보다 더 작다. 원기둥 부피의 $\frac{1}{3}$밖에 되지 않는다. 원기둥의 $\frac{2}{3}$를 제거하면 원뿔과 부피가 똑같아진다. 이 말은 구의 부피가 원뿔 부피의 두 배라는 뜻이다.

〈그림 7〉만 보고 어떻게 그런 사실들을 알아낼 수 있을까? 구의 부피가 원뿔 부피의 두 배라는 사실은 눈대중으로 확신할 수 있는 게 아니다. 아르키메데스는 수학 공식으로 그 사실을 증명했고, 자신의 그러한 능력에 무한한 자부심을 느꼈다. 자기 무덤의 비석에 이 도형들을 새겨달라고 요구할 만큼 말이다. 참고로, 지금은 구의 부피가 원뿔 부피의 두 배라는 사실을 아주 간단하게 확인할 수 있다. 이에 관해서는 다음 장에서 좀 더 깊이 다루기로 하겠다. 단서를 주자면 이 모든 것은 π 덕분이다. 그런데 잠깐, π가 뭐지?

π는 아주 특별한 기호다. 주로 둥그렇게 생긴 도형의 면적이나 부피를 구할 때 등장한다. 아르키메데스의 연구를 통해 알 수 있듯 π는 둥근 도형이나 물체의 부피를 구할 때 아주 유용한 친구다. 하지만 그리스인들은 π의 존재를 몰랐다. π 또는 그와 비슷한 숫자나 기호가 존재할 거라고 희미하게 예감은 했지만, π값이 정확히 얼마인

지는 몰랐다. 여기에서도 아르키메데스는 매우 짜릿한 사실을 발견하며 자신의 존재감을 여지없이 발휘했다. 그때 아르키메데스가 활용한 계산법은 현대 학자들도 완전히 이해하지 못한다고 한다. 어쨌든 아르키메데스는 96각형 도형을 이용해 π가 $3\frac{10}{71}$과 $3\frac{1}{7}$ 사이, 즉 3.1408과 3.1428 사이의 수라는 사실을 발견했다. 그 시절의 여건과 장비들을 감안하면 결코 나쁜 성적이 아니다. 지금 우리가 알고 있는 π값(3.1415……)과 거의 일치하기 때문이다.

이처럼 그리스인들은 이론 분야에서 탁월한 수학적 업적을 남겼지만 수학을 한 단계 더 발전시키지는 못했다. 그리스 수학자들의 숫자 개념은 정수와 정수 사이의 비례에 멈춰 있었다. 여기에서 말하는 정수들 사이의 비례는 분수를 뜻한다. $\frac{2}{3}$는 2와 3이라는 정수들 사이의 비례다. 당시 그리스에는 '$\frac{2}{3}$'라는 표기법도 존재하지 않았기 때문에 수학자들은 이 수치를 훨씬 복잡한 방법으로 표기해야 했다. 더구나 수학 공식도 존재하기 전이었다. 아르키메데스의 부피 증명을 비롯한 모든 증명은 공식이 아니라 도형, 즉 그림으로 구성되어 있다. 다행히 오늘을 사는 우리는 그보다 훨씬 간단한 방법으로 각종 증명을 해낼 수 있게 되었다. 그럼에도 대부분의 수학 증명은 그리스 수학자들이 쌓아놓은 업적 덕분이라고 해도 과언이 아니다. 피타고라스, 유클리드, 아르키메데스를 비롯한 그리스 수학자들이야말로 수학이라는 학문을 근본부터 완전히 새롭게 정비한 이들이다.

0의 표기가 불러온 혁신

:

앞에서 다룬 문명권들은 여러모로 비슷한 점이 많다. 메소포타미아와 이집트는 아주 이른 시기에 숫자를 개발했다. 두 문명권에서 쓴 최초의 문자가 숫자였을 확률도 매우 높다. 여기에 그리스 문명까지 포함하면 수학자들의 높은 사회적 위상도 눈에 띈다. 지금은 간단해 보일지 몰라도, 그 시절 수학자들은 실생활과 관련된 어려운 문제를 쉽게 처리해주는 해결사였다. 그런데 중국은 그 나라들과 아주 다른 양상을 띤다. 그 차이는 초기부터 두드러진다.

중국인들은 행정상의 편의를 위해 문자를 사용하기 시작한 것이 아니었다. 물품이나 수량을 길게 나열한 목록이 발견되지 않았기 때문이다. 고대 중국에서는 미래를 예측하는 점占이 성행했다. 역술가들은 뼈를 이용해 손님들의 앞날을 점치곤 했는데 그것이 고대 중국 문자의 기원이다. 어느 시점부터는 중국인들도 숫자를 도입했지만 처음부터 수학을 중시하지는 않았다. 그 때문인지 지금도 고대 중국의 수학에 관해 알려진 바는 많지 않다. 다른 문명권에 견주어 비교적 늦은 기원전 1000년께부터 날짜 확인이나 행정 업무용으로 계산을 하기 시작했다는 사실 정도만 알려졌을 뿐이다.

고대 중국의 숫자는 크게 두 가지 특징을 띤다. 첫째, 중국인들은 말하는 방식 그대로 숫자를 표기했으며, 이는 지금도 유지되고 있다. 예컨대 354라는 숫자를 독일어로 읽으면 '300·4와 50'으로 순서가 조금 뒤바뀌는 반면, 중국인들은 써놓은 순서대로 '300·5·10·4'로 읽는 식이다. 둘째, 숫자를 아주 혁신적인 방식으로 표기했다. 처음에는 대나무를 이용해 숫자를 나타냈다. 얼마간 세월이 흐른 뒤로는 대나무 꼬챙이 대신에 줄을 긋는 방식을 택했다. 1부터 9까지는 특정 방식으로 줄을 나열하거나 조합했고, 그보다 더 큰 숫자들의 경우에도 이와 동일했다.

줄을 긋는 방향에는 두 가지가 있었다. 〈그림 8〉에서 알 수 있듯 선을 수평으로 쌓아 올리거나 수직으로 나열했다. 두 가지 방식을 영리하게 결합해 숫자 0의 표기법도 개발했다. 예컨대 506과 56이 서로 다른 숫자임을 표시하는 장치를 둔 것이다. 메소포타미아인들과 이집트인들은 0을 몰랐기 때문에 그 차이를 표현할 수 없었다. 숫자 506처럼 중간에 0이 끼어 있을 때는 더더욱 그랬다. 그러나 중국인들은 인류 역사상 최초로 가로쓰기와 세로쓰기를 조합해 이 수학적 난제를 훌륭하게 해결했다. 〈그림 9〉는 숫자 60,390을 뜻한다.

이 방식이 탁월하다고 말하는 이유는 가로쓰기와 세로쓰기를 교차하는 기법 때문이다. 〈그림 9〉에서 3과 9를 보라. 3은 세로쓰기로, 9는 가로쓰기로 되어 있다. 이는 곧 두 숫자 사이에 0이 없다는 것을

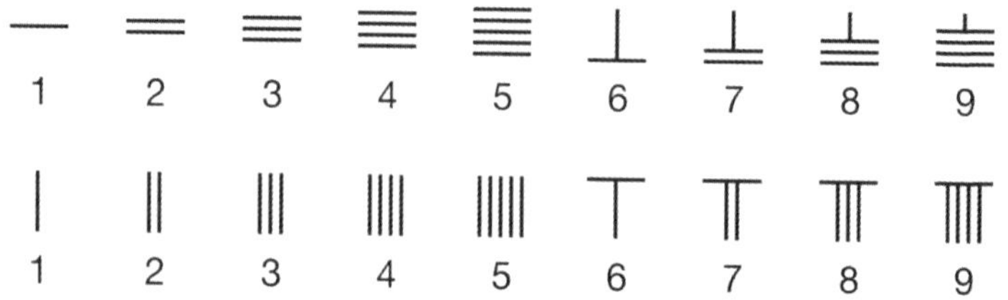

1 2 3 4 5 6 7 8 9

1 2 3 4 5 6 7 8 9

그림 8. 고대 중국의 숫자 1~9 표기법

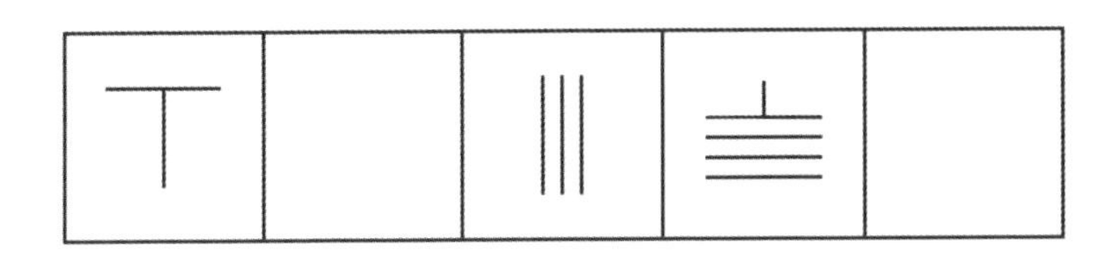

그림 9. 고대 중국식으로 표기한 숫자 60,390

뜻한다. 만약 6과 3처럼 세로쓰기로 된 숫자 2개가 나란히 나열되어 있다면, 두 수를 일부러 떨어뜨리지 않아도 중간에 빈 칸, 즉 0이 하나 들어 있다는 뜻이다. 중국인들에게도 0을 의미하는 기호는 없었다. 세로쓰기로 된 숫자들 사이에 몇 개의 0이 들어 있는지도 표시할 수 없었다. 0이 하나가 될 수도 있고, 3개나 5개가 될 수도 있었다. 물론 〈그림 9〉에서처럼 0의 자리에 빈 칸을 넣어주면 훨씬 정확한 표기가 가능해진다. 그럼에도 중국의 숫자 체계는 일종의 대변혁이었다. 20개도 채 안 되는 기호들로 어떤 수든 표기할 수 있었기 때문이다.

중국인들은 이러한 혁신적인 숫자 체계 말고도 다양한 연산 기술을 개발했다. 지금과 거의 비슷한 방식으로 단시간에 곱셈도 할 수 있었다. 예컨대 81×81의 답을 구할 때는 꼬챙이를 나열하거나 선을 그은 다음 단계적으로 셈을 했다. 먼저 80×80부터 계산한 뒤에 80×1을 연산하는 식으로 차례차례 문제를 풀어나간 것이다. 복잡한 문제를 수학적으로 해결하는 방식도 꽤 깊이 꿰뚫고 있었다. 이에 관한 자세한 내용은 『구장산술九章算術』과 뒤이어 펴낸 해석본에 잘 나와 있다. 기원전 1세기를 즈음해 중국인들의 산술 능력의 수준이 얼마나 높았는지는 그 책의 차례만 봐도 알 수 있다.

1. **방전方田:** 면적과 분수에 관한 문제.
2. **속미粟米:** 가격 차이가 나는 현물들의 교환에 관한 문제.
3. **쇠분衰分:** 정해진 비율에 따른 현물과 현금의 분배에 관한 문제.
4. **소광小廣:** 직사각형 변들의 길이, 원의 둘레, 제곱근, 세제곱근에 관한 문제.
5. **상공商工:** 다양한 입체도형의 부피를 구해 토목공사량 등을 계산하는 문제.
6. **균수均輸:** 과세 대상자의 수에 비례한 세금 부과액 계산 등 조세와 관련된 여러 문제를 해결하는 방법.
7. **영부족盈不足:** 잉여와 결핍에 관한 문제. $ax+b=0$과 같은 공식 풀기.
8. **방정方程:** 농경지, 가축 거래와 관련된 일차연립방정식 문제.
9. **구고句股:** 직각삼각형에 관한 문제, 즉 피타고라스의정리로 불리는 개념을 응용해 푸는 문제.

중국인들에게 수학은 추상 영역에 갇힌 지식이 아니었다. 『구장산술』에도 수학 개념에 관한 일반적 정의나 증명은 전혀 나오지 않는다. 차례에서 볼 수 있듯 『구장산술』은 실생활에서 맞닥뜨릴 수 있는 다양한 문제를 해결하는 방법과 수많은 예제를 통해 풀이 과정을 설명하는 책이다. 고대 중국인들이 수학을 탐구한 목적은 어디까지나 실생활 속의 문제를 해결하는 쉽고 보편적인 방법을 찾는 데 있었으며,

그 해법이 어떤 수학적 근거에 기인했는지에는 관심을 두지 않았다.

중국인들의 생각은 명료했다. 수학은 실용적이어야 했다. 그래서 중국의 수학자들은 조세 징수액이나 건축용 측량, 전쟁 물자의 양이나 병사의 수 등을 연구했다. 그런데 메소포타미아와 이집트의 수학자들이 높은 사회적 지위와 차상위층 신분을 누린 반면 중국 수학자들의 위상은 그리 높지 않았다. 오히려 수공업자와 손잡고 문제를 해결하는 쪽에 가까웠다. 중국에서는 이들을 '따분한 괴짜' 정도로 치부했다. 수학이 한창 꽃을 피우던 시절에도 수학자들은 글공부만 하는 문인들한테 업신여김을 당했다. 중국 황제들 중 뛰어난 수학 지식을 뽐낸 이도 거의 없었다.

수학자들이 쌓은 공을 생각하면 터무니없는 대우였다. 중국 수학의 전성기를 전후한 1247년에 출간된 『수서구장數書九章』은 방어 시설 구축이나 적진과의 거리 계산에 무려 두 장章을 할애했다. 몽골과 전쟁을 치르고 있던 상황에서 시급히 해결해야 할 과제였기 때문이다. 여러 권으로 구성된 『수서구장』에서는 댐 건설과 관련된 대출 제도나 규정처럼 실용적인 문제를 다루기도 했다. 개중에는 필요 이상으로 난해한 문제도 있었다. 일례로 부정방정식의 산법을 다룬 대연구일술大衍求一術은 난제 중의 난제였는데, 그 때문인지 『수서구장』은 1890년이 되어서야 비로소 유럽 땅을 밟을 수 있었다.

중국에서도 수학은 사회조직 관리나 통치 등 아주 실용적인 영역에 크게 기여했다. 물론 방식은 조금 달랐다. 중국인들은 추상적인 이론을 좇는 대신 생활 속 문제를 해결하기 위한 실용적인 접근법을 모색했는데, 복잡한 수학적 정의나 법칙보다는 구체적인 사례를 깊이 파고들었다. 그러나 방법은 달랐을지라도 수학을 필요로 했던 이유는 앞서 소개한 문명권들과 크게 다르지 않았다. 이쯤에서 같은 질문을 다시 한번 던져보자. 인류는 왜 수학에 관심을 두었을까?

대답은 간단하다. 수학이 규모가 큰 사회나 도시를 관리하는 데 많은 도움을 주기 때문이다. 수학 없이도 세금을 거둘 수는 있다. 그러나 실제로 해보면 잘 알겠지만, 수학 없는 세금 계산은 지극히 번거로운 작업이다. 불가능에 가깝다고 해도 과언이 아니다. 예부터 많은 사람들이 집단으로 거주한 곳, 그래서 상거래가 이뤄진 곳에서는 어김없이 수학이 발달했다. 도시계획이나 건물 짓기, 식량 관리, 무기 제조 등 모든 분야에 수학이 널리 활용되었다. 굳이 수학을 배우지 않아도 우리에게는 타고난 수학적 능력이 있기는 하다. 그렇지만 좀 더 효율적으로 정확한 계산을 하려면 타고난 수학 실력만으로는 역부족이다.

수학적 소양은 다양한 방식으로 연마할 수 있다. 그동안 여러 문명권에서 고유한 숫자 표기법을 개발하기도 했다. 개중에는 이집트인들이 분수 $\frac{1}{2}$을 표기할 때처럼 실용적이고 간단한 것도 있고, 분수 $\frac{5}{7}$를 표기할 때처럼 불편한 경우도 있었다. 그러나 이론을 앞세운 그리스인들의 추상적 접근 방식이든, 실제 사례에 기초한 중국식 접근 방식이든 목적은 같다. 이집트인들이 임금으로 지불할 빵의 양을 정확히 분배할 수 있었던 것도 수학 덕분이었다. 심지어 직종별로 지급량을 정확히 구분할 정도였다. 예컨대 사원을 이끄는 사제는 단순

잡역부의 30배에 해당하는 양을 보수로 받았다. 모든 분배 과정이 수학 덕분에 훨씬 매끄럽게 이루어졌다.

수학의 유용성에 관해서는 첫 장부터 강조해왔다. 우리는 수학을 활용하면 문제를 더 쉽게 해결할 수 있고, 복잡해 보이던 문제가 갑자기 쉬워질 수 있다는 사실을 줄곧 확인했다. 수학을 알아야 하는 이유도 여기에 있다. 일정 규모를 넘어선 국가나 도시들은 여러 행정 문제를 처리해야 했고, 그 일은 타고난 수학적 능력만으로는 부족했다. 이에 따라 인류는 수학에 관심을 기울이기 시작했다. 수학을 모르는 부족들이 아무 이유 없이 소수 부족인 게 아니다. 서로가 서로를 알고 지내는 곳에서는 수학 없이도 잘 어울리며 살아갈 수 있다. 그러나 도시국가나 왕국쯤 되면 수학 없이는 나라가 돌아가는 상황을 일목요연하게 파악할 수 없다.

문명의 꽃을 피운 민족들이 복잡한 수학 공식을 제시하고 증명했지만 결과적으로 인류의 실생활과 거리가 먼 경우가 있다. 그저 자신의 뛰어난 수학 실력을 만천하에 자랑하기 위해, 오직 이론적 성과를 일궈내기 위해 수학을 탐구할 때도 있었다. 그런 인정 욕구는 어디에서 왔을까? 그 난해한 수학 공식들은 정말 아무짝에도 소용이 없을까? 그저 숫자나 알고 길이나 면적 정도만 측정할 수 있으면 그만이지, 인류는 왜 거기에서 한 발짝 더 나아가고 싶어 했을까? 그렇게 발전시킨 수학은 지금 우리 생활에 도움이 되고 있을까? 다음 장에서는 조금 복잡한 수학의 영역이 우리 삶에 어떤 도움을 주는지 살펴보자.

5장.

쉼 없는 변화의 과정을 측정하라:
미적분

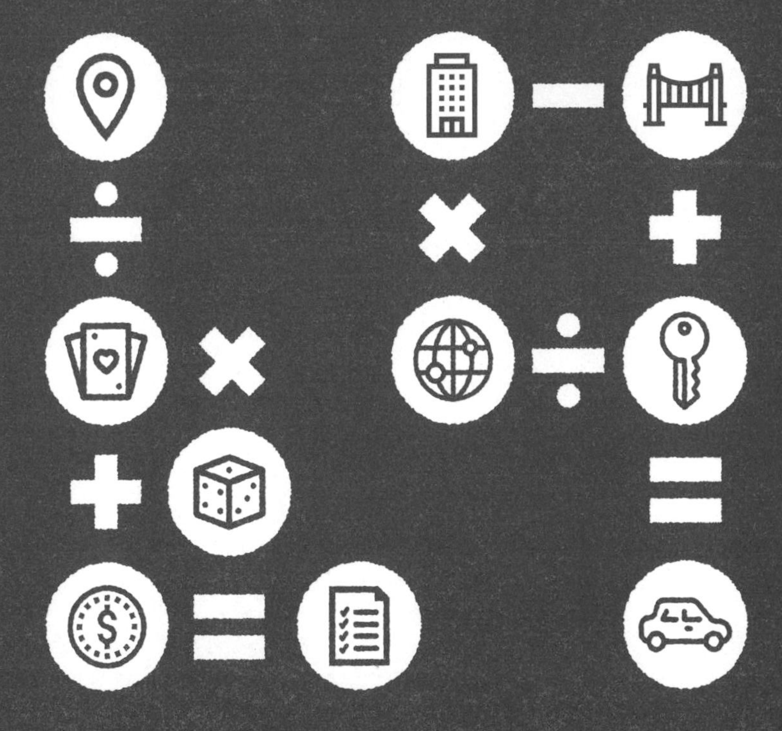

스웨덴의 고속도로를 달려보았는가? 정말이지 말로 표현하기 힘들 정도로 지루한 일이다. 굴곡도 없이 쭉 뻗은 도로 수백 킬로미터를 달린다. 길 양쪽에는 나무들만 즐비하다. 그것만큼 심심한 일이 또 있을까. 스웨덴 사람들은 단체로 정신교육이라도 받았는지, 다들 일정한 속도를 유지하며 얌전하게 차를 몰고 있다.

어디, 나도 한번 정속 주행 장치를 켜볼까? 차량에 장착된 컴퓨터가 열심히 돌아가기 시작한다. 내가 어느 속도로 달리는지, 설정 속도와 실제 속도의 차이가 얼마인지, 액셀러레이터를 더 밟아야 할지 말지를 열심히 계산하고 있겠지? 사양이 좋은 고급 차량에는 차선을 잘 지키는지 감지하는 기능도 있다고 한다. 길 위에 그어놓은 차선과 바퀴 사이의 간격, 주행 방향까지 살피는 것이다. 그러다가 내가 오른쪽이나 왼쪽 차선으로 너무 치우치면 코스를 수정해준다. 운전대를 반대 방향으로 얼마나 틀어야 할지도 알려준다.

뭐, 다 좋다. 그런데 컴퓨터까지 동원할 만큼 그게 대단한 일일까? 웬만한 운전자들은 컴퓨터 없이도 그 정도 주행은 해낸다. 게다가 일정 속도를 꾸준히 유지해야 한다는 규정도 없지 않은가? 그런 게 있다 해도, 주행 중에 속도계를 확인하면서 너무 빠르면 조금 줄이고 너무 느리면 조금 밟으면 그만이다. 반드시 시속 120킬로미터로 달리는 것보다는 그때그때 교통량을 살피며 교통 흐름에 방해되지 않는 선에서 속도를 조절하는 편이 더 낫지 않을까? 차선만 해도 그렇다. 마음만 먹으면 누구나 주행 중인 차선을 이탈하지 않고 달릴 수 있다. 운전대를 얼마나 꺾어야 원하는 만큼 방향이 바뀌는지, 주변 교통 상황은 어떠한지 확인할 수 없는 컴퓨터도 그 정도는 해내니 말이다.

문득 궁금해진다. 눈도 달리지 않은 컴퓨터가 대체 어떻게 그 일을 해내는 걸까? 컴퓨터는 모든 것을 일일이 계산한다. 그리고 탁월한 계산 능력 덕분에 뛰어난 운전 실력을 발휘한다. 차량의 속도나 차선과 바퀴의 간격 등 쉼 없이 변하는 과정을 연산하는 작업은 생각보다 훨씬 어렵다. 그러나 인류는 자동차에 그러한 수학적 능력을 심어줄 방도를 찾아냈다. 운전자가 특정 속도를 설정하면 차량이 그 속도를 유지하는 정속 주행 기능을 개발한 것이다. 자율주행차는 이 기능을 더욱 폭넓게 활용한다. 귀에 딱지가 앉았겠지만, 다 무엇 덕분이다? 그렇다. 수학 덕분이다!

세상에 변하지 않는 것은 없으니까, 무한대

:

이 분야에 획기적인 돌파구를 마련한 사람은 아이작 뉴턴이었다. 정속 주행 기능을 개발할 밑바탕을 깔아준 것이다. 적어도 영국인들은 그렇게 믿는다. 그런데 뉴턴과 동시대를 살았던 독일의 한 수학자도 같은 아이디어를 냈다. 바로 고트프리트 빌헬름 라이프니츠Gottfried Wilhelm Leibniz다. 뉴턴과 라이프니츠의 아이디어가 어떤 면에서 일치했는지, 나아가 당시 라이프니츠의 위상이 어느 정도였는지 알아보려면 잠시 고대그리스로 시간 여행을 떠나야 한다. 시간을 거슬러 되돌아가려는 지점은 아르키메데스가 원기둥과 구, 원뿔에 관한 깨달음을 얻은 순간이다.

아르키메데스가 입체도형의 부피를 측정하고 입증했다는 사실은 앞서 여러 번 언급했다. 기억할지 모르겠지만 학창 시절 우리는 입체도형의 부피를 구하는 공식을 달달 외웠다. 구의 부피는 $\frac{4}{3}\pi r^3$, 원기둥의 부피는 원기둥 밑면의 넓이에 높이를 곱한 값인 $2\pi r^3$이다. 원뿔의 부피를 구하는 공식은 $\frac{2}{3}\pi r^3$이다. 굳이 각 공식의 원리를 깊이 파고들 필요는 없을 듯하다. πr^3의 의미도 온전히 이해할 필요가 없다. 지금 중요한 건 이 공식들만 있었다면 아르키메데스의 고민, 즉 원뿔·원기둥·구의 부피나 세 도형의 부피 사이의 상관관계를 알아내는 난제를 단박에 해결했으리라는 점이다.

이제 우리는 구의 부피가 원뿔의 부피보다 얼마나 큰지 금방 알 수 있다. $\frac{4}{3}$를 $\frac{2}{3}$로 나누기만 하면 구의 부피가 원뿔 부피의 두 배라는 결과가 순식간에 나온다. 그렇다면 원기둥의 부피에서 구의 부피를 뺀 값은 얼마일까? 정답은 $2-\frac{4}{3}=\frac{2}{3}$다. 말하자면 본래 원기둥 부피의 $\frac{2}{3}$가 남는 것이다. 보라! 세 가지 공식만 알아도 고대그리스 수학이 애들 장난처럼 보인다.

그리스 수학자들을 곤경에 빠뜨린 난관은 무엇이었을까? 우선은 오늘날 우리가 별 생각 없이 쓰는 π를 몰랐다는 점이다. 문제는 또 있다. 앞의 공식들을 발견하기 위해서는 무한대 개념을 활용해야 하는데 그리스인들은 무한대를 인정하지 않았다. 그리스인들은 확실한 끝이 있는 정수와 분수, 즉 무한대와는 관계없는 수에만 집착했다. 분명 정수나 분수로 나타내기 어려운 수도 있는데 그 사실을 납득하지 못한 것이다. π는 분수로 나타낼 수 없는 대표적인 수다. 편의상 3.1415로 표현하는 게 일반적이지만, 본래 그 뒤에는 무한정의 숫자가 있다.

아마 그리스 수학자들도 모든 숫자를 정수나 분수 형태로 표현할 수 없다는 것 정도는 알았을 것이다. 그런데 그 문제를 해결하기 위해 그리스 수학자들이 택한 방법은 지금의 방식과는 전혀 달랐다. 그리스인들이 개발한 해법은 정수나 분수로 표현할 수 없는 숫자들에 아예 다른 단위를 활용하자는 것이었다. 예컨대 〈그림 1〉의 삼각형에서처럼 빗변의 길이가 $\sqrt{2}$일 때, 그리스인들은 빗변에는 다른 단위를 사용할 수밖에 없다고 믿었다.

그러니 그리스인들이 구의 부피를 $\frac{4}{3}\pi r^3$이라는 공식으로 정리하지 못했던 건 당연하다. π를 몰랐기 때문이다. π를 이용해 제대로 된

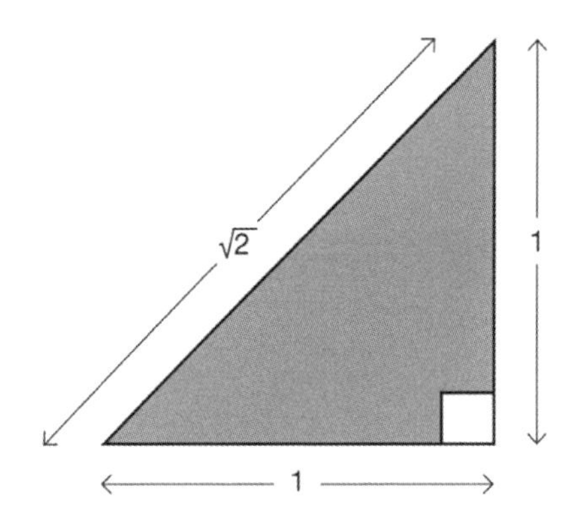

그림 1. 그리스인들의 난제였던 삼각형 빗변의 길이에 관한 문제

계산을 해낸 최초의 인물은 벨기에 브루게 출신의 네덜란드 수학자 시몬 스테빈Simon Stevin이었다. 스테빈의 논문과 저술은 인도와 중동에서 유럽으로 넘어온 수학 지식에 기초한다. 그의 최대 업적은 분수를 점 뒤에 나열하여 표현한 것, 즉 분수를 소수로 전환한 것이었다. 이를테면 $\frac{1}{5}$을 0.2로 표기했다. 16세기 말 스테빈은 "수란 모든 사물을 양적으로 설명할 수 있는 것"이라는 수에 관한 유명한 정의를 남겼다. 그리고 어떤 사물이든 동일한 단위로 측량할 수 있다고 굳게 믿었으며 이를 위해 π나 $\sqrt{2}$ 같은 수도 활용해야 한다고 주장했다.

무한대의 관점에서 보면 스테빈의 이론은 그야말로 장족의 발전이었다. π는 제아무리 기를 써도 완벽하게 표현할 수 없는 숫자고, 이 밖에도 그런 사례가 적지 않기 때문이다. 예컨대 $\frac{1}{3}$은 그 자체로 깔끔한 숫자지만 이를 소수로 전환하면 0.3333……이 된다. 그런데

$\frac{1}{3}$과 π 사이에는 결정적인 차이가 있다. $\frac{1}{3}$을 소수로 변환했을 때는 소수점 뒤에 올 숫자가 오직 3뿐이지만 π의 경우에는 소수점 뒤에 어떤 숫자들이 나올지 명쾌하지 않다.

우리는 더 이상 π를 이상한 괴물로 여기지 않는다. 그만큼 익숙해진 것이다. 그러나 조금만 더 생각해보면 무한대로 이어지는 수와 딱 떨어지는 수 사이에는 분명 큰 차이가 있다. 우리는 흔히 0.999……나 1이 별로 다르지 않다고 생각한다. $\frac{1}{3}$과 0.333……도 대략 같은 수라 생각한다. 과연 그럴까? $\frac{1}{3}$에 3을 곱하면 1이 되지만 0.333……에 3을 곱하면 0.999……가 되는데?

무한대는 우리의 머리를 어지럽게 만든다. 그러나 차량 정속 주행 장치는 무한대 없이는 돌아가지 않는다. π처럼 소수점 뒤에 끊임없는 숫자들의 향연이 없다면 쉼 없이 변하는 수치를 활용할 수 없다. 당장 차량의 가속도만 해도 그렇다. 순간순간 바뀌는 차량의 주행 속도는 무한대 없이 표현할 방도가 없다. 어떤 차량도 시속 100킬로미터에서 101킬로미터로 단숨에 1킬로미터를 껑충 뛰어넘지 않는다. 시속 $100\frac{1}{2}$킬로미터로 달리다가 시속 100.1415……(소수점 뒤에 무한대의 숫자들을 나열할 수 있다)가 되고 이윽고 시속 101킬로미터에 도달한다. 시속 101킬로미터에 도달한 뒤에도 속도는 쉴 새 없이 바뀐다. 무한대 없이는 차량의 속도를 표현할 길이 없다고 말하는 이유가 여기에 있다. 직각삼각형 빗변의 길이를 $\sqrt{2}$ 없이 표시할 수 없는 것과 비슷한 이치다.

뉴턴과 라이프니츠의 진흙탕 싸움

:

아르키메데스는 도형의 정확한 면적이나 부피를 알고 싶어 했지만 문제를 해결해줄 몇 가지 열쇠가 없었다. 특정 도형의 면적이나 부피를 동일한 단위로 통일해서 나타낼 수도 없었다. 당시 그리스 수학은 거기까지였다. 입체도형의 부피나 변화하는 상태를 측정한 것은 정수와 분수 말고도 다른 수가 존재한다는 사실을 깨달은 뒤부터였다. 그 사실을 가장 먼저 발견한 사람이 뉴턴과 라이프니츠다. 두 학자는 1660년에서 1690년 사이에 무척 기발한 발상을 떠올렸다. 서로의 존재조차 모르는 두 사람이 완전히 똑같은 이론을 제시한 것이다. 뉴턴과 라이프니츠는 모두가 들어보긴 했지만 아무나 풀지는 못하는 수학 분야, 즉 미분과 적분이라는 분야를 개척했다. 말하자면 어떤 물질이 얼마나 빨리 변하는지(미분)와 그 물질이 일정 시간 이후 얼마나 많이 변했는지(적분)를 계산하는 방법을 발견해냈다.

뉴턴과 라이프니츠는 서로의 이름도 모르는 상태에서 과학사에 큰 획을 그을 만한 이론을 거의 동시에 연구했다. 약간의 차이만 무시하면 두 학자의 이론은 거의 똑같았다. 그런데 둘 중 누가 먼저였을까? 누구에게 영예가 돌아가야 합당할까? 뉴턴이 영국 출신이고 라이프니츠가 독일인이라는 점이 판정에 영향을 끼칠까? 어떻게 해야 미적분학의 시조가 누구인지를 명명백백히 밝힐 수 있을까?

1684년에 라이프니츠는 자신이 발견한 이론, 즉 변화하는 무언가를 계산하는 방법에 관한 책을 출간했다. 수학계는 곧 술렁였다. 긍정적 의미의 술렁임이었다. 라이프니츠를 따르던 수학자들은 스승이 발표한 이론을 집중적으로 파고들었다. 1693년에는 일반인을 위해 설명을 덧붙인 미적분 책도 발간했다. 반면 뉴턴 쪽은 잠잠했다. 아무것도 발표하지 않았다. 뉴턴의 주변인 몇몇이 그가 완전히 새로운 수학 이론을 개발 중이라는 정보를 입수하긴 했지만, 구체적으로 무엇에 관한 이론인지 아는 사람은 아무도 없었다. 자신이 개발한 새로운 연산법을 독점하고 싶은 마음에 뉴턴이 모든 과정을 극비에 부쳤기 때문이다.

라이프니츠는 뉴턴이 심취해 있던 수학적 가설을 먼저 세상에 터뜨렸다. 뉴턴으로서는 아주 당혹스러웠을 테지만 공식적으로는 아무 대응도 하지 않았다. 그 대신 1676년에 라이프니츠에게 편지 한 통을 보냈다. 자신 또한 라이프니츠와 비슷한 이론을 연구 중임을 알리는 편지였다. 그런데 편지 내용이 명료하지 않았다. 일종의 암호화한 언어로 작성했기 때문인데, 당시에는 드물지 않은 일이었다. 갈릴레이도 목성 곁을 떠도는 2개의 위성을 포착했다는 사실을 케플러에게 전할 때 암호화한 언어를 활용했다. 문제는 수신인이 암호를 제대로 풀지 못할 때가 많았다는 것이다. 갈릴레이의 편지를 읽은 케플러도 위성을 2개 지닌 행성을 목성이 아니라 화성으로 착각했다고 한다.

뉴턴이 편지 내용을 일부러 알쏭달쏭하게 적은 이유는 편지를 보낸 목적이 자신의 이론을 상세히 피력하기 위함이 아니었기 때문이다. 훗날 뉴턴이 한 말을 참고하면, 그는 돌아가는 상황을 지켜보다가 여차하면 라이프니츠가 자신의 이론을 훔쳤다고 주장하려던 것으로 보인다. 뉴턴은 그 작업을 직접 하는 대신 제자들을 시켜 소문을 퍼뜨리려고 했다. 라이프니츠가 미적분 이론을 대중에게 널리 알릴 계획임을 알고는 라이프니츠를 비방하고 폄하하라며 제자들을 들볶은 것이다.

짐작했겠지만, 과학사에 길이 남을 진흙탕 싸움이 이어졌다. 학계의 막장 논쟁에 익숙하던 동시대 학자들마저 혀를 내두를 정도였다. 뉴턴과 라이프니츠의 추종자들은 몇 년에 걸쳐 서로를 비방하는 글을 쏟아내며 대립각을 세웠다. 심지어 라이프니츠는 자신의 입장을 변호하는 소책자를 발간하고, 당시 과학계에서 가장 권위 있던 조직인 영국왕립자연과학학회Royal Society에 지지를 호소하는 편지까지 보냈다. 영국왕립자연과학학회는 두 수학자 중 누가 먼저인지를 판가름하기 위해 조사에 착수했다.

그러나 그 과정이 중립적이었을 리가 만무하다. 영국왕립자연과학학회의 회장은 다름 아닌 뉴턴이었다. 뉴턴은 조사위원회에 독립적으로 조사에 착수할 것을 당부했지만 중립성은 거의 지켜지지 않았다. 위원회의 최종 보고서도 상당 부분 뉴턴이 작성했으니 내용은 안 봐도 뻔하다. 뉴턴은 모든 이론이 자신의 것이라 주장했고, 라이프니츠를 패배를 시인하지 않는 표절자에 불과하다고 폄하했다. 뉴턴이 자신의 학술적 우위를 입증하기 위해 얼마나 많은 억지와 고집을 부렸는지는 그 뒤로 133년이 지나서야 밝혀졌다.

조사위원회가 낸 최종 보고서는 두 수학자 사이의 분쟁을 끝내는

데 아무런 도움이 되지 않았다. 라이프니츠는 영국왕립자연과학학회의 보고서를 열람한 뒤 그에 대한 자신의 견해를 익명으로 제출했다. 1716년, 라이프니츠가 세상을 떠나고도 한참 뒤에야 둘 사이의 논쟁은 종지부를 찍었다. 그래서 누가 먼저였냐고? 지금은 뉴턴이 미적분학의 개척자라고 알려져 있다. 당시 라이프니츠는 수학에 관해 두터운 지식을 쌓기에는 너무도 새파란 스무 살 청년에 지나지 않았다. 그렇지만 라이프니츠가 뉴턴의 이론을 훔친 것은 아니었다. 뉴턴보다 몇 년 늦은 시기에 똑같은 이론을 개발한 불운아였을 뿐.

미분으로 과속 차량을 잡아내는 법

:

혜성처럼 등장한 이 수학 이론이 큰 빛을 발하리라는 사실은 명약관화했다. 뉴턴과 라이프니츠가 일종의 저작권을 둘러싸고 그토록 치열한 자존심 싸움을 벌인 이유도 그 때문이었다. 그런데 두 학자가 개발했다는 이론은 구체적으로 무엇이었을까? 뉴턴과 라이프니츠는 물질이나 상태가 변화하는 속도와 강도를 수학적으로 계산하는 방법을 연구했다. 그전까지는 정지한 대상에 한해서만 계산이 가능했다. 끊임없이 변하는 수량, 수시로 변하는 길이 등은 측정할 수 없었다. 뉴턴과 라이프니츠는 무한대를 비롯한 몇몇 새로운 기호를 도입했으며, 이로써 수학은 완전히 새로운 국면을 맞이했다.

속도 변화처럼 다양한 변화를 측정해야 하는 경우는 우리 주변에 널려 있다. 차량의 정속 주행 장치는 속도를 얼마나 더 높이거나 줄여야 하는지를 끊임없이 계산하고, 자율주행차는 방향을 언제 어느 각도만큼 틀어야 할지 쉴 새 없이 추산한다. 고급 에스프레소 추출기는 가열 장치를 얼마나 가동해야 완벽한 온도와 맛의 커피를 뽑아낼 수 있는지를 산출한다. 병원도 예외가 아니다. 종양이 전이되는 속도를 예측할 때도 변화의 속도와 강도를 계산하는 수학 이론이 동원된다. 생각보다 많은 곳에서 이 계산법을 활용하는 것이다.

지금 논하는 이야기의 핵심은 '변화'다. 어떤 종류의 변화인지는 중요하지 않다. 수학적 관점에서 중요한 것은 무언가가 끊임없이 달라지고 있다는 것뿐이다. 조금은 비현실적이지만 간단한 예를 하나 들어보자. 속도위반을 단속하는 상황이다. 규정 속도보다 빨리 달리는 차량을 적발하려면, 달리는 차들의 주행 속도나 한 지점에서 다른 지점까지 얼마 만에 주파하는지 알아야 한다. 이 정도쯤은 복잡한 기술이나 수학을 동원하지 않아도 해낼 수 있다.

가장 손쉬운 방법은 구간별 주행 속도를 파악하는 것이다. 그러자면 경찰 두 명이 필요하다. 한 명은 출발점에 서서 어떤 차량이 정확히 몇 시 몇 분 몇 초에 자기 앞을 스쳐 지나가는지를 기록한다. 나머지 한 명은 1킬로미터 전방에 서 있다가 차량이 통과한 정확한 시각을 체크한다. 그런 다음 각각의 시각을 비교하면 된다. 목적은 속도위반 차량 적발이지, 어떤 차량의 평균 주행 속도를 산출하는 것이 아니다. 어차피 출발점을 통과한 시각과 1킬로미터 전방의 도착점을 통과한 시각을 비교하면 평균 속도가 나온다.

예를 들어 두 시각의 차이가 30초였고 해당 차량이 시속 120킬로미터로 주행했다고 치자. 그러나 그 말이 곧 해당 차량이 첫 번째 경찰이 서 있는 지점을 통과할 때 시속 120킬로미터로 달렸다는 뜻은 아니다. 법정 최고 속도인 시속 120킬로미터로 달리던 운전자가 경찰을 보고 놀란 나머지 엉뚱하게도 액셀러레이터를 밟아 시속 140킬로미터로 달렸을 수도 있다. 그러다가 마음을 가라앉히고 속도를 갑자기 확 늦춘다면 이 경우에도 평균 속도는 시속 120킬로미터가 될 수 있다. 첫 번째 경찰관을 스칠 때는 시속 140킬로미터로 달리다가 두 번째 경찰관이 서 있는 지점에서 시속 100킬로미터로 달리면 계산상으로는 시속 120킬로미터가 되는 것이다.

운전자들의 이러한 눈속임을 방지하려면 측정 구간을 줄여야 한다. 이를테면 1킬로미터를 0.5킬로미터로 단축하는 식이다. 그러면 '속도 사기꾼'이 감속할 수 있는 시간이 30초에서 15초로 줄어들어 적발률이 높아진다. 구간을 더 단축할수록 출발점에 서 있는 경찰이 말한 속도는 더 정확해진다. 그러다가 어느 지점에 다다르면 정확도(적발률)가 100%에 가까워질 것이다. 100분의 1초 안에 속도를 큰 폭으로 줄일 수는 없기 때문이다. 차량 계기판의 속도계가 100%에 가까운 정확도를 자랑하는 것도 속도를 약 1미터 단위로 끊임없이 업데이트하기 때문이다.

만약 그 정도로는 성에 차지 않는다면 어떻게 해야 할까? 특정 지점을 통과하는 순간 차가 정확히 시속 몇 킬로미터로 달리는지를 알아내야 직성이 풀리겠다면? 그러려면 측정 구간을 더 좁힐 수밖에 없고 결국 무한대 개념을 끌어와야만 한다. 측정 구간을 무한대 수준까지 좁히면 속도도 무한대로 정확하게 알아낼 수 있기 때문이다. 뉴턴과 라이프니츠는 이러한 아이디어를 최초로 떠올린 학자들이다.

뉴턴과 라이프니츠는 '선 위의 점 하나가 얼마나 빨리 위아래로 움직일 수 있을까?' 하는 질문에서 출발했다. 점의 움직임을 기록한 곡선이 가파를수록 점의 상하운동 속도가 더 빠를 것이라는 발상에서 위대한 수학 이론이 시작한 것이다.

〈그림 2〉의 곡선에 집중해보자. 곡선과 접한 두 선(회색 직선들)은 일단 무시하자. 우리가 가장 먼저 알아야 할 것은 아랫부분의 점이 얼마나 빨리 오른쪽으로 이동했느냐다. 즉 아랫부분의 점과 오른쪽 상단에 찍힌 점의 차이를 파악해야 한다. 이제 그 차이를 알아보기 위해 두 점을 직선으로 연결한다(기울기가 큰 직선). 이렇게만 하면 점의 상승속도를 알 수 있을 것 같지만 실제로는 그렇지 않다. 〈그림 2〉와 같이 아래쪽 점에서는 속도가 그다지 빨리 상승하지 않는다(기울기가 작은 직선). 빨리 달리지 않았다는 뜻이다. 반면 일정 시점 이후부터는 곡선이 가파르게 움직이는데, 이는 어떤 지점에서 차량이 급격하게 가속했음을 의미한다.

뉴턴과 라이프니츠는 이 문제를 해결하기 위해 두 점의 간격을 점점 좁혔다. 오른쪽 상단의 점을 더 왼쪽으로 옮긴 것이다. 그러면 차량이 달린 구간이 줄어들고 첫 번째 점과 두 번째 점을 잇는 선분은 점점 더 납작해져 오차를 좁힐 수 있다. 나아가 두 사람은 두 점의 간격을 무한대로 줄이는 경우까지 생각했다. 점들의 간격을 계속 줄여

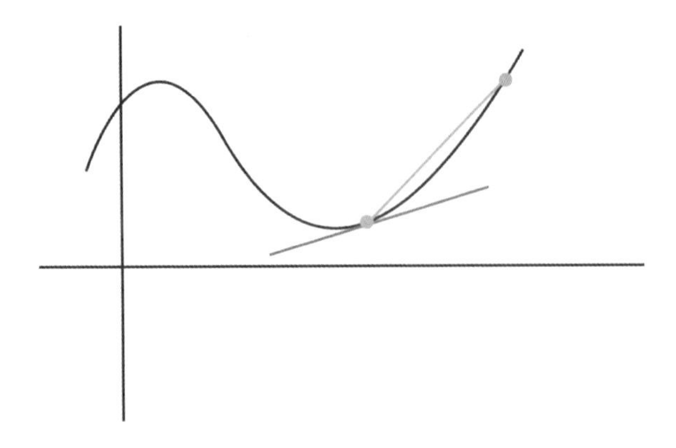

그림 2. 최저점으로부터 곡선의 상승속도를 알아보기 위한 그래프

나가면 결국 하단의 선분, 즉 그 지점에서 곡선의 상승각과 동일한 각도의 선분이 탄생한다. 그러자면 무한대를 이용해야만 한다.

뉴턴과 라이프니츠도 무한대 때문에 고심했다. 무한대를 이용한 계산 과정을 제대로 정리하기까지 수백 년이 걸릴 수도 있겠다는 우려마저 들었다. 무한대로 작은 수는 숫자 0과 거의 똑같기 때문이다. 0초 동안 차량이 달린 속도를 누가 잴 수 있겠는가? 그건 곧 차량이 정지해 있다는 뜻인데? 곡선의 경우도 마찬가지다. 곡선 위의 두 점을 직선으로 잇는 작업은 간단하다. 하지만 두 점의 간격이 무한대로 좁아진다면 그 상태에서도 두 점을 하나의 선으로 이을 수 있을까? 두 점을 잇는 선 따위는 애초에 그을 수 없는 게 아닐까?

결코 녹록한 과제가 아니었다. 수학 천재들이 괜히 그 문제에 기나긴 세월을 투자한 게 아니었을 정도로 난제였다. 그러나 수학자들은 포기하지 않고 무한대라는 수를 끈질기게 파고들었다. 무한대를 잘만 활용하면 여러 방면에 두루 활용할 수 있겠다는 직감 같은 게 있었을지도 모른다. 한 발짝만 더 다가가면 잡을 수 있을 듯한 느낌도 들었을 것이다. 잡힐 듯 잡히지 않을 때의 안타까운 마음이란! 가장 큰 문제는 무한대로 작은 수와 0의 차이가 거의 없다는 데 있었다. 숫자 1과 0을 비교해보자. 동의하지 않는 사람들도 있겠지만 0.9999……와 1은 사실상 같은 수라고 봐도 무방하다. 그렇다면 0.0000……과 0도 같은 수로 볼 수 있지 않을까?

결국 수학자들은 아무리 연구해도 답이 나오지 않는 무한대라는 개념을 잊어버리자고, 없는 셈 치자고 마음먹었다. 차라리 '가능한 한도 내에서 가장 작은 수'에 집중하는 편이 낫겠다고 생각했다. 두 점의 간격을 최소한으로 줄이는 것만으로도 충분하다고 봤다. 이렇게 계산할 경우 약간의 오차는 여전히 남겠지만 정확도를 최대한으로 높일 수 있다.

흠, 이론적 설명에만 너무 치우친 듯해 미안한 마음이 든다. 독자들의 머리를 어지럽혔다면 진심으로 사과한다. 앞의 설명을 속속들이 다 이해할 필요는 없다. 어차피 디테일은 중요하지 않다. 여기에서는 차량이 특정 지점을 통과할 때의 속도는 출발점과 도착점의 간격을 잘게 쪼갤수록 더 정확하게 파악할 수 있다는 정도만 알아도 충분하다.

그런데 고대그리스 수학자들은 왜 이런 생각을 하지 못했을까? 두 가지 이유가 있다. 첫째, 당시에는 알려진 수가 많지 않았다. 우리는 속도를 πkm/h로 표시하는 데 비교적 익숙하다. 그러나 그리스인들은 π처럼 부정확한 수를 인정하지 않았기 때문에 차량이 출발점을 통과할 때의 속도 같은 것을 정확히 알 수 없었다. 정확한 속도를 알아내려면 1초, $\frac{1}{2}$초, $\frac{1}{4}$초…… 단위로 속도를 쪼개가며 측정해야 하는데 그럴 방도가 없었던 것이다. 둘째, 그리스 수학자들은 무한대라는 개념을 부정했다. "무한대로 짧은 거리를 측정한다고? 그건 절반도 아니고 전부도 아니잖아! 그딴 걸 어떻게 계산하란 말이야!" 하는 식이었다. 무한대는 부정확한 수인 동시에 절반도 전부도 아닌 수다. 이렇듯 '부정확한 무한대'는 그리스 수학자들을 이중고로 내몰았다. 지금 우리도 무한대 때문에 조금은 괴로워하고 있다. 미분 계산 앞에서 왠지 작아지는 느낌이 드는 것은 사실이잖은가?

운전자의 안전을 보장하는 숨은 공신, 적분

:

솔직히 적분도 이해하기 쉬운 영역은 아니다. 최소한 미분만큼은 악명의 값어치를 한다. 미분이 속도, 즉 무엇이 얼마나 빨리 변화하는지를 다룬다면, 적분은 수량, 즉 어떤 것의 양이 얼마나 늘고 줄었는지를 다룬다. 한마디로 적분은 변화의 범위를 측정하는 학문이다. 예를 들어 의사가 일정 시간이 흐른 뒤 환자의 종양이 얼마나 커졌는지 알려면 적분이 필요하다. 변화의 총량이 어느 정도인지 알고 싶을 때도 적분이 동원된다. 그 밖에 전력 사용량을 알고 싶을 때, 도널드 트럼프를 대선 승리로 이끈 요인이 궁금할 때, 대들보가 얼마나 휘었는지 파악할 때, 자동차 사고로 발생한 피해의 총량을 알고 싶을 때 적분 계산을 해야 한다. 눈에 잘 띄지는 않지만, 적분은 우리 생활 곳곳에 스며들어 있다. 단적으로 자동차 생산업체에서 차량 충돌 시 탑승자의 생존을 보장하기 위한 각종 장치를 설계할 때도 적분을 활용한다.

지금부터는 차량 충돌 사례를 집중적으로 들여다보겠다. 차량의 안전도를 계산할 때도 이른바 '스텝 바이 스텝', 즉 최대한 잘게 쪼갠 뒤 차례대로 계산하는 원칙을 따른다. 단, 이번에는 전체를 아주 잘게 쪼갠 뒤 각각의 단계에서 도출한 값을 합산해야 한다. 내가 메르세데스벤츠 직원이고 최고로 안전한 차량을 설계하는 임무를 맡고 있다고 치자. 가장 먼저 떠오르는 방법은 발생 가능한 모든 상황을 실험해보는 것이다. 완파될 정도로 차량을 어디에 세게 부딪힌 뒤 어떤 상황이 벌어지는지 살펴보면 된다. 그렇지만 수학을 약간만 동원하면 거금을 허공에 날리지 않고도 다양한 시뮬레이션이 가능하다.

자동차 사고 때 가장 큰 위험에 노출되는 것은 뭐니 뭐니 해도 탑승자들의 머리 부분이다. 머리가 흔들리고 무언가와 부딪히는 시간이 길수록 충격에 따른 피해가 커진다. 다시 말해 주행 속도가 피해 강도를 결정한다는 뜻이다. 자, 여기에서 일단 미분이 등판한다. 충돌 과정을 구성하는 모든 시점에서 머리가 얼마만큼의 속도로 흔들리고 부딪혔는지 계산하는 것이다. 처음에는 탑승자의 머리가 앞쪽에 부딪힐 가능성이 높다. 운이 좋아 에어백이 터진다면 머리에 가해질 충격은 줄어든다. 이후 탑승자의 머리는 운전석의 머리 받침대에 충돌했다가 다시 앞쪽으로 쏠릴 것이다.

메르세데스벤츠에서 일하는 수학자들은 사고 순간을 최대한 잘게 쪼갠 뒤 각각의 시점에 탑승자의 머리가 얼마나 빨리 흔들리는지 측정한다. 그러나 이것만으로는 부족하다. 아직은 머리 부분이 흔들린 속도만 알 뿐 충돌로 인한 충격 강도는 정확히 알 수 없다.

이제 적분이 출동할 순간이다. 주행 속도도 운전자의 명운을 좌우하지만, 머리가 장시간 앞뒤로 부딪히는 상황이 빠른 주행 속도보다 더 위험할 수 있다. 이유는 간단하다. 발을 땅에 디딘 채 이를 축으로 삼고 한 바퀴 빙글빙글 돌아보라. 별다른 변화가 느껴지지 않을 것이다. 그런데 스무 번을 연달아 핑그르르 돌면 어떨까? 직접 해보지 않아도 어떤 느낌일지 상상이 될 것이다. 충돌 시점과 그 직후 운전자의 뇌가 앞뒤로 부딪히고 흔들리는 속도와 시간이 중요한 이유도 바로 그 때문이다.

게으른 안전 설계자라면 아마 한 가지 속도(예컨대 운전자의 머리가 가장 심하게 흔들릴 때의 속도)에 충돌 시간을 곱하기만 할 것이다. 그렇게만 해도 위험의 강도를 어느 정도 예측할 수는 있다. 하지만 어디까지나 어림짐작에 지나지 않는다. 최대 속도에 충돌 시간만 곱하는 셈법으로는 운전자의 생명을 보호할 수 없다. 앞서 속도위반 사례와 관련된 곡선 그래프에서도 단순히 최저점과 오른쪽 상단의 점을 직선으로 이으면 주행 속도 예측에 큰 오차가 발생했다.

차량 안전도 테스트의 문제를 해결하는 방법 또한 앞의 사례와 동일하다. 거리를 더 잘게 잘라서 평균을 내면 더 정확한 순간속도를 측정할 수 있듯, 이번에도 탑승자의 머리가 부딪히는 순간의 간격을 좁힐수록 예측값의 정확도는 높아진다. 그렇게 쪼개어 계산한 값들을 더하면 탑승자의 머리가 흔들린 속도나 횟수를 더욱 정확히 알게 되어 충돌 시의 위험도를 정밀하게 분석할 수 있다. 지금도 자동차 업계에서는 차량의 안전도를 시험할 때 이와 같은 방식을 활용한다. 물론 이론적 상황만 시뮬레이션하는 것은 아니다. 마네킹이나 더미dummy를 차에 앉혀놓고 실제 사고 상황을 연출하기도 한다. 다만 사전에 여러 계산을 해두면 실험 절차를 줄일 수 있고, 멀쩡한 차량을 박살 낼 필요가 없으니 비용이 절약된다. 무엇보다 실험실 시뮬레이션과 상황 시뮬레이션이 병행되어야 더 높은 안전성에 도달할 수 있다. 사고가 났을 때 탑승자의 뇌 손상을 최대한 막을 수 있는 수치가 도출되기 때문이다. 적분은 이렇게 숨은 곳에서 우리의 생명을 지켜주고 있다.

잠깐, 적분은 면적이나 부피와 연관된 수학 분야라고 하지 않았나? 그렇다. 학창 시절에 우리 모두 그렇게 배웠으며, 아르키메데스가 알아낸 구와 원뿔, 원기둥에 관한 공식도 적분과 관련 있다고 알고 있다. 변화의 과정이 불분명할 때도 마찬가지다. 그러려면 머리를 약간 굴려야 한다. 〈그림 3〉은 각 막대의 면적을 더해 평균을 구하는 과정을 보여준다. 곡선의 출발점부터 끝나는 지점까지를 여러 개의 막대그래프로 나눈 뒤 각 막대의 값을 더해서 평균값을 구하는 것이다. 막대그래프의 너비, 즉 단위시간을 더 촘촘하게 쪼갤 수도 있다.

그러고 나면 오른쪽 그래프처럼 막대그래프의 면적이 좁아지면서 막대들과 곡선 사이에 뜬 공간이 좁아진다. 그러나 이것만으로는 아직 변화 과정을 알기 어렵다.

각 막대그래프의 넓이를 한번 구해보자. 막대의 가로세로를 곱하면 된다. 흠, 너무 간단한데? 그렇다면 막대그래프들을 더 잘게 쪼개볼까? 곡선과 최대한 일치하게끔 잘게 쪼개도 계산이 어렵진 않겠지?

이제 나란히 촘촘하게 선 막대그래프들의 면적을 구한 뒤 그 값들을 합하면 된다. 변화의 과정이 바로 그 안에 들어 있다. 각 막대의 면적을 구하는 과정, 즉 맨 왼쪽 막대에서 시작해 오른쪽 막대로 갈수록 변하는 면적값이 바로 변화의 과정이다. 막대그래프를 아주 잘게 쪼갰기 때문에 막대그래프 면적의 합은 곡선 아랫부분의 전체 면

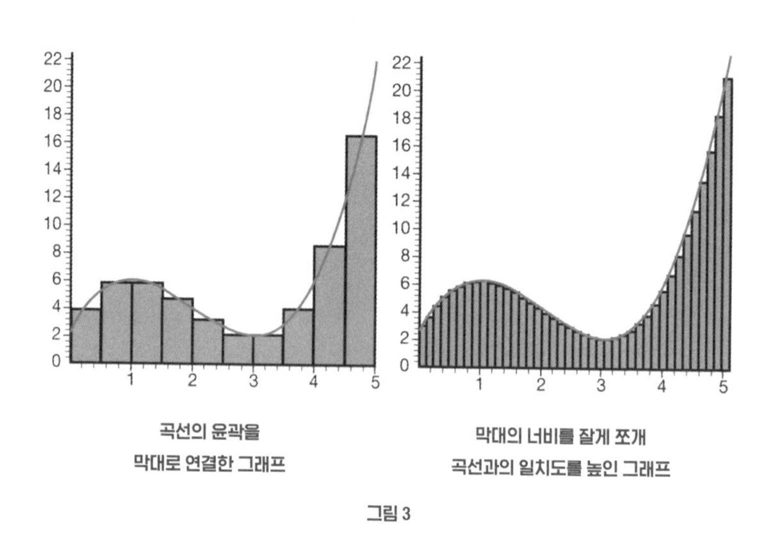

그림 3

적과 거의 일치한다.

이런 방식으로 표면적이나 부피도 구할 수 있다. 입체도형의 부피를 구할 때는 위아래 방향도 쪼개 그 총합을 계산해야 하므로 조금 더 번거롭지만 기본 원리는 면적을 구할 때와 같다. 결국은 얼마나 움직였는지를 합산하는 과정이다. 때로는 표준 공식에 따라 계산한 면적값 또는 부피값이 나올 수도 있지만, 이따금 그보다 더 구체적인 내용을 캐낼 수도 있다.

충돌 시 차량 안전도 검사는 일종의 면적 계산으로 볼 수 있는데, 곡선 아래쪽의 막대그래프들은 각 탑승자의 머리 움직임을 뜻한다. 이때 곡선은 머리에 가해진 충격의 속도를 뜻하며, 곡선의 기울기가 클수록 더 많이 흔들렸다는 뜻이다. 따라서 각 막대그래프의 면적을 합해서 평균을 구하면 차량이 충돌하는 동안 탑승자의 머리가 앞뒤 또는 옆으로 얼마나 심하게 흔들리고 부딪혔는지를 알 수 있다. 이것이 바로 적분의 원리다.

오늘의 날씨, 얼마나 믿을 수 있을까

:

일기예보에서 내일은 날씨가 화창할 것이라고 말한다. 정말 믿어도 될까? '내일의 날씨'가 빗나간 적이 얼마나 많았던가? 일단 의심부터 해야 제대로 대비할 수 있지 않을까? 기상관측에 미적분을 활용하기 전까지는 일기예보를 믿지 않는 편이 현명했다. 그러나 슈퍼컴퓨터를 도입한 뒤부터 일기예보의 정확도가 놀라울 정도로 높아졌다. 1970년대의 일기예보와 견주어보면 그사이 얼마나 눈부시게 발달했는지 알 수 있다.

1970년대의 일기예보 방식은 아주 단순했다. 우선, 밖을 내다보며 하늘에 구름이 얼마나 끼었는지, 기온이 얼마쯤 되는지 등을 살핀다. 둘째, 그간의 날씨를 기록해둔 두꺼운 자료집에서 날씨가 오늘과 비슷했던 날의 기록을 체크한다. 셋째, 앞 단계에서 확인한 일자의 다음 날 날씨를 내일의 날씨로 예보한다. 끝! 오늘의 날씨가 그날과 비슷하니 내일의 날씨도 그다음 날의 날씨와 비슷하리라고 본 것이다. 물론 구름과 기온만으로 내일의 날씨를 정확하게 예측할 수는 없다. 날씨를 좌우하는 변수가 훨씬 많기 때문이다. 그러니 당시 일기예보가 맞을 때보다 틀릴 때가 더 많았음은 아주 자명하다.

날씨도 당연히 계산할 수 있다. 특히 날씨의 변화, 공기의 흐름 등은 미적분과 완벽한 호흡을 이룬다. 1차 세계대전 때 영국의 수학자이자 물리학자인 루이스 리처드슨Lewis Richardson은 수치를 활용해 날씨를 예측하는 실험을 진행했다. 내일의 날씨를 최대한 정확하게 예측하는 수치예보 모델이 전투의 승패에 결정적인 영향을 끼쳤기 때문이다. 리처드슨은 바깥의 기상 상황을 수치화해서 공식에 대입한 뒤 여섯 시간 뒤의 날씨를 예측했다. 그런데 커다란 걸림돌이 하나 있었으니, 신속한 계산이 불가능하다는 점이었다. 리처드슨은 여섯 시간 뒤의 날씨를 계산하기 위해 무려 6주 동안을 숫자와 씨름했다!

이렇듯 수치를 이용한 일기예보 모델은 꽤나 피곤한 작업이었다.

계산에 6주나 걸린다는 것도 문제였지만, 힘들게 계산한 결과가 빗나갈 때도 많았다. 정확도가 터무니없이 낮았던 이유는 대기의 흐름이나 온도와 습도의 변화 등 날씨를 결정짓는 모든 요인이 변화무쌍한 데 있었다. 날씨를 예측하려면 일단 고기압대와 저기압대의 위치 그리고 이동 방향을 알아야 한다. 또한 관측 지역이 최대한 넓어야 한다. 자그마한 오차가 완전히 틀린 일기예보를 낳기 때문이다.

날씨가 워낙 어디로 튈지 모르는 변덕쟁이인 탓에 오늘날의 학자들도 100% 들어맞는 일기예보란 없다고 입을 모은다. 초대형 슈퍼컴퓨터를 동원해도 모든 변수를 정해진 시간 내에 계산하기 어렵다. 마침내 기상학자들은 '포기할 건 포기하자!'라는 슬로건을 내걸고 중도의 길을 택했다. 10제곱킬로미터 이내의 기상은 동일하다는 가정 아래 슈퍼컴퓨터를 가동하는 방법을 따른 것이다. 측정 범위를 여기서 더 좁히면 계산이 너무 복잡해졌다. 물론 그 탓에 일기예보가 조금씩 엇나갈 때도 있지만, 역설적으로 그런 양보와 타협 덕분에 일기예보의 전반적 신뢰도가 높아졌다.

자, 이제 기상 캐스터의 "내일은 화창한 날이 기대됩니다"라는 말을 곧이곧대로 믿어도 될까? 내 대답은 "그렇다"이다. 100% 정확하지는 않지만 적중률은 꽤 높은 편이다. 슈퍼컴퓨터는 관측 지역을 좌표평면으로 전환해 각 사분면의 기상 변화 상황을 끊임없이 계산한다. 미분을 이용해 대기의 이동속도를 측정하고, 적분을 이용해 일정 시간 뒤의 변화량을 측정한다. 이렇듯 수학 덕분에 일기예보의 정확도가 점차적으로 개선되었다. 지금은 내일의 날씨 정도는 거의 들어맞는 수준에 이르렀고, 주간 일기예보도 80% 수준의 정확도를 자랑한다. 어떤가? 미분과 적분이 꽤 쓸 만한 녀석들 같지 않은가?

세계에서 가장 유명한 현수교의 비밀

:

변화무쌍한 것은 날씨만이 아니다. 끊임없는 변화와 불안정성에 노출된 분야는 그 밖에도 수두룩하다. 건축도 예외가 아니다. 눈에는 잘 보이지 않지만 모든 건축물은 건물 안에서 이동하는 사람이나 물건의 무게 또는 바람에 늘 영향을 받는다. 건물에도 중력이 작용하기 때문이다. 중력이 건물들을 시시각각 붕괴의 위기로 내몰고 있다고 해도 과언은 아니다. 그럼에도 우리 주변의 건물 대부분은 와르르 무너지지 않고 잘 버티고 있다. 그만큼 튼튼하게 지었다는 뜻이다. 물론 이 또한 수학 덕분이다. 수학은 건축 분야에서도 큰 발전을 이루어냈다.

인류는 긴 세월 동안 과거의 경험에 의존해 주택을 비롯한 각종 건물을 건설해왔다. 과감한 실험과 쓰라린 실패를 겪는 대신에 능력 범위 안에서 가능한 것들만 지은 셈이다. 어쩌다 새로운 건축 방식을 실험할 때면 '부디 잘되어야 할 텐데……' 하는 기대를 품고 조심스레 작업을 진행했다. 그러나 1900년을 전후해 건축술은 눈부신 발전을 거듭하며 예술의 경지에까지 이르렀다. 〈그림 4〉는 미국 샌프란시스코에 있는 금문교의 모습이다.

건설할 때만 해도 금문교는 타의 추종을 불허할 만큼 세계에서 가장 긴 다리였다. 약 3킬로미터 길이의 교량을 바다 위에 건설하는 데 12만 9000킬로미터의 강철 와이어가 필요했다. 금문교와 관련된 모든 수치는 그전에 건설한 다리들의 기록을 가볍게 뛰어넘었다. 도대체 어떻게 금문교 같은 현수교를 가설할 수 있었을까? 다리의 튼튼함은 누가 보장해줬을까? 어떻게 그 교량이 강풍에 끄떡없이 버티고 사람이나 차량의 무게에 무너지지 않으리라 확신할 수 있었을까? 이 모든 보장과 확신은 사전 계산에서 나왔다.

교량의 내구성을 예측하기 위한 물리학적 계산에도 미적분이 동원된다. 이때 가장 중요한 것은 강철 케이블의 처짐도deflection다. 〈그

그림 4. 미국 샌프란시스코의 금문교

그림 5. 교면 설치 방향에 따른 처짐 강도의 차이

림 4〉에 보이듯 금문교는 강철 구조물들이 도로와 그 위에 가해지는 하중을 지탱하는 구조이기 때문에, 시시각각 변하는 무게를 버틸 만큼 케이블이 튼튼해야 한다. 그러려면 우선 케이블이 버틸 수 있는 최대 하중을 알아야 한다. 이번에도 어김없이 수학이 출동한다. 케이블 형태의 변화는 미분을 활용해 계산하고, 케이블이 얼마나 휘거나 처졌는지를 계산할 때는 적분을 활용한다. 교면橋面, 즉 다리 상판의 형태에도 주의를 기울여야 한다. 〈그림 5〉를 보면 무슨 뜻인지 이해할 것이다. 오른쪽 그림처럼 하중이 가해지는 바닥면이 넓으면 왼쪽 그림처럼 폭이 좁을 때보다 처짐의 강도가 한층 높아진다.

수학은 건축을 본능적 감각이나 경험적 예측의 영역에서 해방했다. 금문교 설계자들은 강철 구조물을 다뤄본 경험은 있었지만 그렇게 큰 교량을 건설해본 적은 없었다. 오직 강철 구조물만 이용해서 그 정도 규모의 대공사를 해본 적은 더더욱 없었다. '규모가 좀 크긴

하지만 하던 대로 하면 큰일이야 생기겠어?'라며 일단 다리를 놓을 수도 있다. 그러나 요행을 바랐다가 공들여 건설한 다리가 무너지거나 작은 사고라도 난다면 그 비용은 고스란히 납세자들의 부담이 된다. 밑 빠진 독에 물 붓듯 자꾸만 실패로 돌아가는 건축 실험에 비용을 무한정 대고 싶은 사람은 없을 것이다. 그 딜레마에서 벗어날 비법이 바로 수학이다! 사전에 계산만 철저하게 하면 실험에 막대한 비용을 날려버리는 사태를 최소화할 수 있다.

이렇듯 수학은 더 크고 높고 복잡한 건물을 짓는 데 기여했다. 수학을 통해 건물의 안전도를 미리 계산한 덕분에 세계에서 가장 높은 빌딩, 어느 누구도 본 적 없는 거대한 빌딩들을 지을 수 있게 되었다. 〈그림 6〉의 베이징 CCTV 본사 건물 같은 마천루도 수학의 자비로운 손길이 깃든 결과물이다!

건축과 날씨 외에 변덕이 심한 분야는 또 뭐가 있을까? 돈의 흐름으로 좌우되는 경제나 고용 문제도 여기에 속한다. 전체 일자리의 수, 채용 인원, 구직자의 수는 매 순간 달라진다. 정부가 각종 정책과 전략을 통해 일부러 변화를 주도하는 경우가 종종 있는데, 그러한 정책이나 전략을 마련할 때도 온갖 종류의 계산이 사전에 이뤄진다. 예컨대 자본소득세 폐지가 초래할 결과 등을 미리 시뮬레이션하는 것처럼 말이다. 네덜란드에는 이와 관련된 업무를 전담하는 기구가 있다. 바로 네덜란드 경제정책분석국Centraal PlanBureau, CPB이다. 경제정책분석국은 정부가 내놓은 각종 정책을 감정하고, 각 정책에 따른 영향을 미리 분석하며 예비 타당성을 조사한다.

그림 6. 중국 베이징의 CCTV 본사 건물

경제정책분석국은 경제정책과 관련된 온갖 수학 공식과 모델을 활용한다. 그 공식들에 다양한 수치를 대입하여 특정 정책이 불러올 변화나 영향을 예측하는 것이다. 100% 장담할 순 없지만 그 과정에서도 미분과 적분을 이용할 확률이 매우 높다.

자본소득세를 폐지할 경우 국고 수입과 개인소득에 변화가 일어난다. 다행히 좋은 방향으로 변화한다면 경제의 물꼬가 트이거나, 한 분야를 개선했을 때 나머지 분야들도 개선되는 도미노 효과를 기대할 수 있다. 네덜란드 경제정책분석국에서 하는 일도 이와 같다. 어떤 정책을 시행하기에 앞서 그것이 불러올 결과를 미리 계산해 긍정적 효과의 극대화에 기여한다. 이때 수학을 호출하면 좀 더 정확한 예측이 가능하다. 무심코 지나친 부분 때문에 발생할 위험 요소도 최소화할 수 있다. 인간은 특히 소수일수록 뭔가를 간과하기 십상이지만, 수학 공식은 촘촘한 그물망을 펼쳐 거의 모든 변수를 다 잡아낸다.

미분과 적분은 우리 주변 곳곳에 숨어 있다. 자동차, 커피머신, 자동 온도조절기 등 우리가 일상적으로 사용하는 기기들은 미적분 없이는 작동하지 않는다. 이국적인 휴양지로 사람들을 태워 나르는 비행기의 자동항법장치도 마찬가지다. 이 모든 장치와 기계들이 학창시절 그토록 사악하게만 보였던 수학의 한 분야인 미적분과 관련이 있다.

앞에서 언급한 기기들에는 한 가지 공통점이 있다. 모두 무언가를 조절하며 변화시킨다는 점이다. 보일러의 자동 온도조절기는 사용자가 원하는 온도까지 보일러를 가동하고 그 온도를 유지하는 기능을 한다. 어떻게 가능하냐고? 당연히 계산을 통해서다! 예컨대 아침에 일어났는데 조금 추워서 살펴보니 실내 온도가 16도였다. 보일러 온도를 18도에 맞추면 자동 온도조절기가 계산을 시작한다. 이때 보일러 온도를 얼마 만에 18도까지 올릴지, 그 온도를 유지하기 위해 어떤 작업이 필요한지 계산하는 것이다. 현재 온도와 설정 온도의 차이를 얼마나 빨리 상쇄할지, 얼마 만에 실내 온도를 더 높일지를 결정할 때는 미분이 출동한다. 보일러를 처음부터 너무 세게, 너무 빨리 가동한 나머지 실내 온도가 설정 온도보다 높아져 온도가 다시 낮아지기를 기다리는 사태를 방지할 때는 미분과 적분을 함께 활용한다.

다른 기기들도 이와 비슷한 메커니즘을 따른다. 자동차 정속 주행 장치는 운전자가 설정한 속도에 주행 속도를 맞춘 뒤 그 속도를 유지한다. 설정 속도보다 빨라지거나 느려지면 안 되므로 액셀러레이터를 조정한다. 액셀러레이터를 얼마나 밟거나 또는 밟지 않아야 설정 속도를 유지할 수 있는지 계산하는 과정에 미적분이 활용된다. 항공기의 자동조종장치도 이와 별로 다르지 않다. 전 세계를 흥분과 감동의 도가니로 몰아넣은 스페이스X 로켓의 뭉클한 도킹 장면 뒤에도 비슷한 원리가 숨어 있다. 이처럼 어떤 것을 바꾸거나 조절하는 거의 모든 장치가 미적분 없이는 작동하지 않는다.

물리학 또한 미적분과 떼려야 뗄 수 없는 학문이다. 우리가 아는 자연현상 중에 변하지 않는 건 아무것도 없다. 변화를 측량하는 방법, 즉 미적분 없이는 자연현상을 연구할 수 없다는 뜻이다. 뉴턴도 중력에 관한 이론을 연구할 때 미적분을 활용했다. 미적분이 무엇인지조차 아는 이가 드문 시절이었다. 뉴턴은 미적분을 아주 많이 활용한 것은 아니지만, 앞에서 언급했듯 뉴턴이 정리한 법칙들은 지금 봐도 아주 정밀하고 쉽게 이해할 수 있다. 20세기 최고의 물리학자로 손꼽히는 리처드 파인먼Richard Feynman은 뉴턴이 행여 자신의 이론을 조금 더 손봤다면 결과물이 오히려 좋지 않았을 것이라고 평했다. 그만큼 뉴턴의 이론이 완벽했다는 뜻이다.

이 책의 앞부분에서 소개한 산술이나 기하학보다 어렵다는 단점은 있지만 확실히 미적분은 아주 유용한 녀석들이다. 고등학교 수학을 배운 사람이라면 한 번쯤 이런 생각을 했을 것이다. '내가 왜 이걸 알아야 하지?' 살면서 미적분을 써먹을 일이 있을지 의심스러웠을 테고, 그래서 더더욱 배우기 귀찮고 짜증 났을 것이다. 그럼에도 미적분은 분명 우리 주변 여러 분야에 폭넓게 활용되고 있고 필요한 학문이다. 다만 어떤 직업을 선택하느냐에 따라 미적분이 더 필요할 수도 있고 그렇지 않을 수도 있다. 예컨대 건축사가 되고 싶다면 미적분을 피할 길은 거의 없다. 자연과학 쪽으로 진출하고 싶다? 당장은 아니라도 언젠가는 미적분을 다룰 가능성이 크다. 차량의 안전도나 자동차 디자인 분야에서 일하는 이들도 마찬가지다. 흠, 그런데 미적분 없이도 할 수 있는 일이 충분히 많잖아?

실제로 우리 중 대부분은 미분이나 적분 계산을 한 번도 하지 않고 살아갈 가능성이 아주 높다. 주변의 많은 것들이 쉴 새 없이 변하든 말든 우리가 그 과정을 일일이 계산할 필요는 없다. 미적분 없이도 충분히 잘 살 수 있다. 수학과 전혀 무관한 일을 한다면 더더욱 그러하다. 어쩌면 수학과 관련된 직업을 선택해도 미적분을 직접 다룰 일은 없을지 모른다. 왜냐고? 컴퓨터가 대신 해주니까!

미적분을 알아두면 좋을 이유가 정말 없는 걸까? 우리는 숫자나 사칙연산은 필요하다고 생각한다. 아마 세금이 그 이유 중 하나일 것이다. 예컨대 종합소득세 신고서 따위를 작성할 때 꼼꼼히 확인해야 하니 말이다. 그렇지만 미적분을 몰라도 세금 고지서쯤은 확인할 수 있다. 음, 국가의 명운을 좌우할 주요 정책에 지대한 관심이 있다면 미적분 정도는 알아두는 편이 좋을까? 정부가 어떤 의도로 경제 혁신안을 내고 관련 정책들을 결정했는지 낱낱이 알고 싶다면 그럴지도 모르겠다. 그러나 정책결정자가 아닌 이상, 어떤 정책이 언제 어떻게 나왔든 대부분은 우리와 직접적인 상관이 없지 않나?

중고등학생들이 미적분 때문에 못살겠다고 징징대는 걸 100% 이해한다는 말은 아니다. 미적분을 온전히 이해하기는 조금 힘들다는 건 인정하지만, 그렇다고 도무지 이해하지 못할 정도는 아니……기를 바란다. 요상하게 생긴 기호들 탓인지 어렵게 보이긴 해도, 그 뒤에 숨은 원리는 생각보다 간단하다. 뭔가를 잘게 쪼개서 변화의 과정이나 변화량 등을 추적하는 것이다. 우리 주변의 모든 것이 어떻게 변하고 있으며 어떻게 작동하는지 알고 싶다면 미적분을 웬만큼 알아두는 게 좋다는 정도로 정리하고 싶다.

미적분은 세상을 뒤바꿔놓았다. 컴퓨터, 스마트폰, 비행기 등 기술 발달에 따른 수많은 문명의 이기들은 미적분이 없었다면 빛을 보지 못했을 것이다. 나를 둘러싼 세상이 정확히 어떻게 돌아가는지 알고 싶을 때 꼭 이해해야 하는 분야가 바로 미적분이다. 지금 우리가 누리는 모든 것이 미적분을 완벽하게 이해한, 이름 모를 고마운 이들 덕분이다. 우리도 미적분을 통해 '뭘 좀 안다'는 뿌듯함을 느낄 수 있다! 그런 느낌 없이는, 그저 주변에 널린 기기들을 사용하고 실패하고 그것에 익숙해지다가 포기하고 적응하고 만다. 한마디로, 미적분이 없었다면 지금 우리를 둘러싼 세상이 지금과는 완전히 다른 모습이었을 것이다.

미적분은 결코 아무짝에도 쓸모없는 학문이 아니다. 엄청나게 많은 분야가 미적분 덕분에 돌아가고 있다. 물론 미적분을 실제로 마주할 일은 별로 없다. 당장 누군가 미분이나 적분 공식을 들이밀지도 않는다. 겉으로 나타나지는 않지만 누군가 또는 컴퓨터가 그 일을 대신 해주고 있다. 그러니 "일동, 차렷! 적분 앞으로…… 가!"라고 명령할 필요도, 그 명령을 따를 필요도 없다. 나는 그저 더 많은 사람들이 미적분이 어떤 취지에서 출발한 학문인지는 알아주기를 바랄 뿐이다. 지나간 시절을 몰라도 사는 데 지장이 없지만 그럼에도 우리는 역사를 배운다. 미적분을 대하는 내 마음이 꼭 이와 같다. 미적분은 분명 우리 세상을 지탱하는 중대한 주춧돌 중 하나임이 틀림없다. 무서운 표현 방식 때문에 모두에게 외면받고 있다는 점이 안타까울 따름이다. 그러나 거듭 강조하건대, 무시무시한 기호들에 지레 겁먹을 필요는 없다. 미적분 뒤에 숨은 아이디어와 원리는 우리 생각보다 훨씬 간단하다.

6장.

불확실성 속 확실성 : 확률

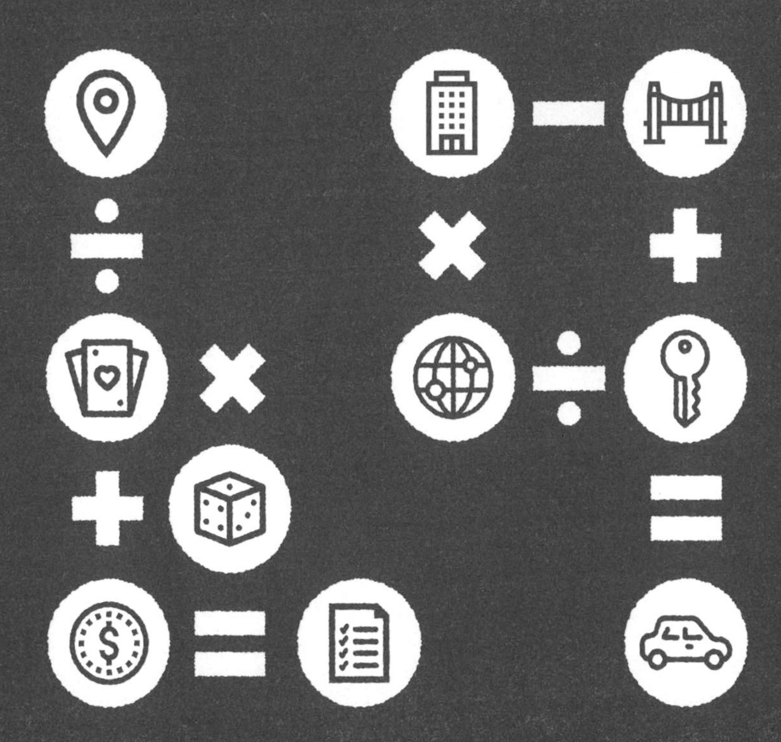

2016년 가을, 전 세계의 시선이 미국 대선으로 쏠렸다. 누가 미합중국의 차기 대통령이 될지를 두고 모두 가슴을 졸였다. 힐러리 클린턴일까, 도널드 트럼프일까? 누가 당선 확률이 더 높을까? 당시 정치평론가들은 클린턴의 당선 가능성을 70~99%로 점쳤다. 무려 99%라고까지 했다! 놀랍게도 그 예측과 분석은 대부분 틀렸다.

결과는 우리 모두 알고 있는 그대로다. 트럼프가 당선되면서 세계가 깜짝 놀랐다. 여론조사 결과는 보기 좋게 빗나갔다. 전문가를 자처하는 이들마저 클린턴의 당선이 확실하다고 장담했다. 도대체 그토록 많은 이들이 빗나간 예측에 빠져든 이유가 뭘까? 사실 이와 비슷한 부류의 오류와 착각은 드물지 않다. 영국의 브렉시트 국민투표가 대표적이다. 각종 여론조사 기관들은 영국인의 과반이 유럽연합에 남기를 바란다고 분석했다. 미국 대선 때의 여론조사보다 불확실성이 높은 편이긴 했지만, 응답자들 중에는 분명 '그대로 남아 있자'라는 의견이 더 많았다. 그런데 뚜껑을 열어보니 여론조사나 전문가들의 예측과 완전히 다른 결과가 나왔다. 유럽연합 탈퇴를 원하는 영국인이 더 많았던 것이다.

여론조사의 신뢰도는 어느 정도일까? 숫자들이 이렇게나 우리를 배신하는데도 여전히 여론조사를 믿어야 할까? 내 대답은, 그럼에도 불구하고 여론조사가 대체로 잘 들어맞으므로 믿어도 된다는 쪽이다. 덮어놓고 맹신하라는 말은 아니다. 여론조사는 들어맞을 때도 있지만 그렇지 않을 때도 있다. 따라서 조사 내용을 꼼꼼히 들여다볼 필요가 있다. 여론조사도 결국 계산이고 숫자 놀음이다. 그렇다고 근본 없는 장난질에 불과하진 않다. 조사 근거가 과학적이고 합리적인 것은 확실하다.

물론 여론조사의 역사는 길지 않다. 고대그리스에서도 중대 사안은 국민투표로 결정했지만 여론조사라는 건 없었다. 그리스 수학이 투표 결과를 점칠 정도의 수준은 아니었기 때문이다. 라이프니츠나 뉴턴도 이 분야를 연구하긴 했지만, 그 시대에도 여론조사 결과를 분석할 만큼 수학이 발달하지는 않았다. 여론조사와 관련된 수학은 1654년에야 비로소 시작되었다.

어느 도박꾼의 고민

:

놀랍게도 취미로 수학을 연구하던 두 사람이 있었다. 블레즈 파스칼 Blaise Pascal과 피에르 드 페르마Pierre de Fermat다. 어느 날 파스칼은 슈발리에 드 메레Chevalier de Méré라는 프랑스 귀족에게서 아주 특별한 고민 하나를 해결해달라는 부탁을 받았다. 도박에 푹 빠져 있던 드 메레의 고민은, 승자가 정해지기 전 게임을 중단할 경우 판돈 분배에 관한 문제였다. 당시에는 국왕의 갑작스러운 부름을 받으면 귀족들은 하던 게임도 즉시 중단해야 했다. 드 메레는 이때 돈을 어떻게 나눠야 공평한지 알고 싶었다. 아무리 고민해도 뾰족한 답을 찾지 못하던 파스칼은 페르마에게 도움을 청했다. 둘은 여러 통의 편지를 주고받았다. 파스칼은 페르마에게 게임을 계속했을 때 두 사람 중 누가 최종 승자가 될지 알아낼 방법을 물었다. 둘 중 승자가 될 확률이 더 높은 쪽을 판단할 수 있는 수학적 근거를 찾고자 한 것이다. 이것이 바로 확률 또는 통계라 불리는 새로운 수학 분야의 시발점이었다.

세 번 먼저 이기는 사람이 상금을 모두 가져가는 게임이 있다고 해보자. A가 2:1로 이기고 있는 상황에서 어쩔 수 없는 이유로 게임을 중단하게 되었다. 이때 B는 A에게 얼마를 줘야 할까? 3선승제에서 벌써 두 번 이겼으니 본래 승자가 갖기로 한 금액의 $\frac{2}{3}$를 A가 받으면 될까? 음, 어차피 이기는 사람이 상금을 전부 갖기로 했으니 다 받아야 하지 않나? 아니면, A가 최종 승자가 될 확률이 $\frac{3}{4}$이니까 상금의 $\frac{3}{4}$만 받아야 하나? 파스칼과 페르마는 게임을 지속했을 경우 둘 중 누가 최종 승자가 될지에 관해 의견을 주고받았다. 그 과정은 〈그림 1〉과 같다.

게임을 계속 이어갔을 때 다음 판에서 A가 이긴다고 치자. 그러면 3:1로 A가 최종 승자가 된다. 하지만 다음 게임에서 B가 이기면 점수는 2:2가 되어 게임을 한 번 더 해야 한다. 이 경우 A는 3:2로 이길 수도 있고 2:3으로 패할 수도 있다. 말하자면 3:1, 3:2, 2:3이라는 세 가지 상황이 벌어질 수 있다. 그중 두 상황에서는 A가 승자다. 어쩌면 게임 횟수가 늘어날 수도 있다. 굳이 그럴 필요는 없지만, 만약 A가 3:1로 이기는 상황에서 한 게임을 더 할 경우 점수는 3:2가 되거나 4:1이 된다. 이때 A가 이길 확률은 $\frac{3}{4}$이다. 파스칼과 페르마도 A가 이길 확률을 결론적으로 3:4라고 계산했다.

파스칼과 페르마가 남긴 업적은 뭘까? 아무리 봐도 아주 중요한

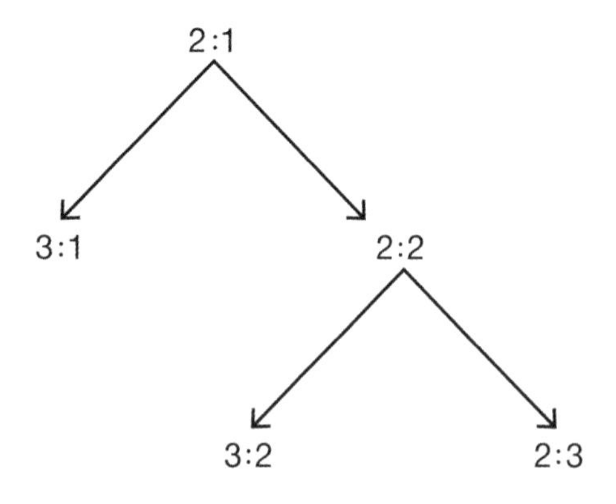

그림 1. 중단된 게임을 이어갔을 경우의 승률 분석

문제를 해결한 것 같진 않은데? 카드놀이를 갑자기 중단하는 게 뭐 그리 대단한 일이라고? 나중에 다시 이어가면 그만 아닌가? 오늘날 정말 중요해진 수학 분야의 시초라기에는 시시해 보인다. 그런데 파스칼과 페르마가 편지를 주고받은 뒤 얼마 지나지 않아 수많은 수학자들이 이 분야를 파고들었고, 그 연구 결과들을 점점 더 복잡한 상황과 분야에 적용해나갔다.

파스칼과 페르마의 연구는 무용지물이 아니었다. 그 무렵 상인들 사이에 투기가 성행했기 때문이다. 투자자나 도박사들 중에는 물건을 가득 실은 배가 제때 항구에 도착하는지 여부를 두고 돈내기를 하는 일이 많았다. 이때 갑자기 현금을 융통해야 한다며 중도에 내기에서 발을 빼는 사람들이 적지 않았다. 수학자들이 확률이라는 분야를 개척한 덕분에, 그러니까 승률을 쉽게 예측할 수 있는 방법을 개발한 덕분에, 투자자들은 적당한 순간에 '손절' 해서 큰돈을 잃지 않을 수 있었다.

수학자들이 어떤 동기에서 확률 연구에 심취했는지는 알 수 없지만, 아쉽게도 그 결과가 단시간에 눈에 띄는 효과를 발휘하지는 못했다. 이유는 간단하다. 확률이란 곧 어떤 게임에서 이길 가능성이 얼마나 높은지를 계산하는 학문인데, 미래를 점친다는 건 생각만큼 쉽지 않기 때문이다. 앞의 사례에서 A가 이길 확률 $\frac{3}{4}$은 어디까지나 A와 B의 실력이 엇비슷하다는 가정 아래 나온 수치다. 현실의 승부는 대부분 그렇지 않다. 서로 실력이 차이 날 때가 더 많다. 상대방보다 실력이 압도적으로 뛰어나다면 내 승률이 더 높은 건 확실하다. 앞으로 벌어질 상황이 불 보듯 빤하기 때문에 예측이 실제 결과에 가까워지는 것이다. 2016년 미국 대선을 다시 한번 떠올려보자. 대선 결과는 유권자들이 어느 후보자에게 표를 던질지, 즉 힐러리를 찍을지 트럼프를 찍을지를 알고 있을 때 비로소 정확한 예측이 가능하다. 그러나 여론조사의 목적은 그게 아니다. 모든 유권자의 마음을 읽어낼 수 있는 여론조사는 존재하지 않는다. 표심을 벌써 다 알고 있거나, 결과가 빤한 상황이라면 여론조사를 할 필요가 없다.

역설적으로 들리겠지만, 결과를 결정적으로 좌우할 정보가 조금 부족할 때 확률은 더 재미있어진다. 그러면 무슨 근거로 앞날을 예측하느냐고? 이때 필요한 것이 유권자들의 정치 성향을 묻는 설문조사다. 표본집단에게 설문지나 전화를 돌리는 것이다. 응답자들이 100% 솔직한 답변을 한다는 보장은 없지만 딱히 뾰족한 수가 없으니 일단 믿는 수밖에 없다. 아주 단순한 방법도 있다. 1713년에 스위스의 수학자 야코프 베르누이Jakob Bernoulli가 자신의 저서 『추론의 기술Ars Conjectandi』에서 소개한 방법을 살펴보자.

베르누이는 장차 펼쳐질 상황에 관한 정보가 거의 없을 때 일어날 수 있는 경우의 가짓수, 즉 경우의수를 연구한 최초의 학자였다. 자, 눈앞에 항아리 하나가 있다. 돌멩이를 5000개쯤 넣을 수 있는 크기다. 그런데 5000개 중에 흰 돌이 몇 개고 검은 돌이 몇 개인지는 모른다. 그걸 알아내기 위해 돌멩이 몇 개를 꺼내보았다. 5개를 꺼냈는데 그중 2개는 검은 돌이고 3개는 흰 돌이다. 이때 돌멩이 5000개 중 2000개는 검은 돌, 3000개는 흰 돌이라고 말해도 될까? 그럴 수도 있지만 그렇지 않을 수도 있다. 어쩌면 5000개 중 단 3개만 흰 돌인데 우연히 그것만 집은 것일지도 모른다. 그럴 확률은 아주 낮지만 절대 일어나지 말라는 법도 없다.

음, 돌멩이를 더 꺼내보기로 하자. 돌멩이 5개를 꺼낼 때마다 2개는 검은 돌, 3개는 흰 돌이다. 이쯤 되면 5000개 중 3000개는 흰 돌이라는 확신이 굳어진다. 내일 아침에 해가 동쪽에서 뜬다는 것만큼은 아니지만, 같은 경험이 쌓이면 확신은 더욱 단단해지기 마련이다. 문제는 항아리 안의 돌멩이를 얼마나 더 꺼내야 검은 돌과 흰 돌의 비율이 2:3이라고 당당하게 말할 수 있느냐는 것이다.

베르누이가 계산하고 싶었던 것도 바로 그거였다. 그러나 베르누이는 1000개 중 999개를 확인하고 나서야 비로소 도덕적 확신moral certainty을 얻을 수 있다고 생각했다. 문제는 $\frac{49}{50}$의 확률, 즉 오차율 2%에 도달하려면 일이 너무 많아진다는 점이었다. 베르누이가 말하는 도덕적 확신을 얻기 위해서는 돌멩이를 무려 2만 5500번 가까이 꺼내봐야 한다.

그런데 책의 내용이 그쯤에서 갑자기 끝난다. 똑같은 동작을 2만 5500번이나 거듭하기엔 힘에 부치기도 하거니와, 해낸다고 한들 그가 주장한 도덕적 확신에는 가까이 다가가기 어렵다. 베르누이는 힘들게 쓴 책을 출간조차 하지 않았다. 그 책은 베르누이가 세상을 떠나고 8년이 흐른 뒤 그의 조카가 세상에 공개했다. 여담이지만 출간이 늦어진 이유는 학술지를 통해 형과 논쟁을 벌이던 시동생을 베르누이의 아내가 미덥지 않게 여겼기 때문이다.

베르누이의 시도는 최초치고는 제법 괜찮았다. 그렇지만 몇몇 문제가 내포되어 있었다. 첫째, 확률의 정확도를 판단하는 기준이 모호했다. 항아리 안에 흰 돌이 3000개가 있을 확률과 2999개가 있을 확률을 계산하는 방법이 달랐다. 둘째, 베르누이의 실험에서는 원하는 정확도에 도달할 때까지 시행해야 할 실험의 횟수가 너무 많았다. 참고로, 오늘날 학계에서는 대체로 20회 중 19회가 맞으면 100%에 가까운 확률이라고 인정하는 추세다.

확률이라는 수학 분야는 어느 도박사의 호기심에서 시작되었다. 그러나 세월이 흐르면서 점점 실용적인 분야로 영역을 확대했다. 베르누이도 실생활과 밀접한 분야에서 확률 실험을 했고 이에 따라 확률의 정확도도 조금은 높아졌다. 미국인들의 의중을 파악하기 위해 모든 미국인에게 의견을 물어봐야 하는 건 아니라는 말의 정당성이 조금은 높아진 셈이다.

베르누이의 방식으로는 특정 확률을 미리 예측한 뒤 그 확률이 옳은지 틀린지만 알 수 있다. 예컨대 미국 유권자의 52%가 힐러리 클린턴을 찍을 것이라는 가정에서 출발해야 하는 것이다. 그러나 그걸 미리 알 수 있는 사람은 아무도 없으며, 그런 가정이 들어맞을 확률도 아주 낮다. 투기성 짙은 예측은 지양해야 마땅하다. 여기에는 반박의 여지가 없다. 그런데 아브라함 드무아브르Abraham de Moivre라는 걸출한 수학자 덕분에 지금은 그게 가능해졌다. 드무아브르는 확률이라는 말을 들으면 우리가 반사적으로 떠올리는 동전 던지기 연구를 통해 확률 이론을 크게 발전시킨 주역이다.

자, 동전을 던져봅시다

:

드무아브르는 프랑스에서 나고 자랐지만 신교도라는 이유로 1년간 옥살이를 하다가 출소한 뒤 영국으로 이주했다. 영국으로 건너간 뒤에는 수학 교사로 일했다. 학교에서 아이들을 가르친 것은 아니고 귀족 자녀들의 가정교사로 일하며 먹고살았다. 여가 시간에는 홀로 연구에 몰입했는데, 뉴턴이 수학에 관해 뭔가 물어보려고 찾아온 이들을 드무아브르에게 떠넘길 정도로 실력이 뛰어났다.

드무아브르의 실험은 흰 돌과 검은 돌을 이용한 베르누이의 방식과 비슷했다. 흰 돌과 검은 돌 대신에 동전을 이용했다는 차이만 있을 뿐이다. 드무아브르는 동전을 충분히 여러 번 던지면 이항분포binominal distribution, 즉 가능성이 두 가지밖에 없는 실험에서 주로 나타나는 형태의 그래프가 나올 것이라고 생각했다. 〈그림 2〉는 동전을 10회 던졌을 때 나올 법한 결과를 그래프로 나타낸 것이다. 가로축의 오른쪽 끝은 열 번 다 동전의 숫자 면이 나올 경우, 왼쪽 끝은 숫자 면이 한 번도 나오지 않을 경우, 중간 지점은 열 번 중 숫자 면이 다섯 번 나올 경우를 뜻한다.

동전을 총 10회 던지면 5회는 숫자, 5회는 그림이 나올 확률이 당연히 가장 높을 것이다. 그래프 중간 부분의 막대가 가장 높은 이유는 그래서다. 열 번 던져 열 번 다 숫자가 나오는 상황보다는 반반씩 나오는 상황이 좀 더 '정상적'이기 때문이다. 이런 식의 분포는 다른 여러 사례에서도 관찰할 수 있다. 사람의 키를 예로 들어보자. 독

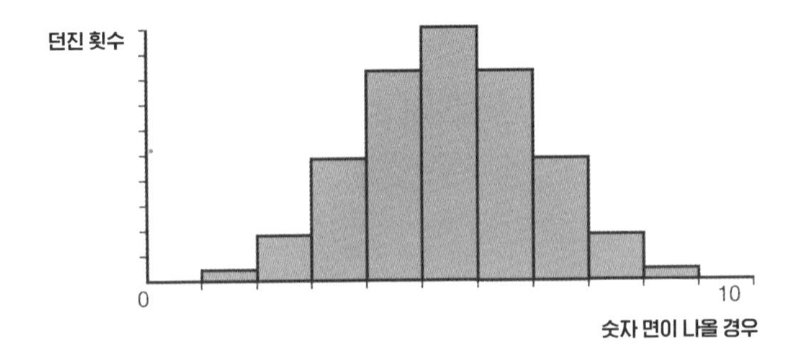

그림 2. 동전을 10회 던졌을 때 숫자 면이 나올 확률

일 남성의 평균 키는 180센티미터다. 〈그림 2〉의 그래프에 대입하면 180센티미터는 중앙의 가장 높은 막대에 해당한다. 그보다 작으면 왼쪽 막대에 속한다. 키가 150센티미터인 남성은 많지 않기 때문에 그 집단은 아마 맨 왼쪽의 가장 낮은 막대에 속할 것이다. 반대로 키가 2미터가 넘는 남성도 많지 않다. 이 집단은 맨 오른쪽의 가장 낮은 막대에 속할 가능성이 높다.

그런데 동전을 단 10회만 던졌더니 그래프 모양이 몹시 울퉁불퉁하다. 막대 사이의 편차가 그만큼 심한 것이다. 그러나 동전을 50회 던지면 〈그림 3〉처럼 막대들을 잇는 곡선이 한결 매끄러워진다.

동전 던지기든 독일 남성의 키든 간에 몇 차례에 걸쳐 표본을 확인하거나 측정하고 그 결과를 여러 개의 막대그래프로 표시해 정점들을 이으면, 〈그림 4〉처럼 중간이 볼록 솟고 양쪽이 대칭을 이루는 언덕 모양의 정규분포곡선이 나온다. 〈그림 4〉를 보면 정규분포곡선과 확률의 상관관계를 알 수 있다.

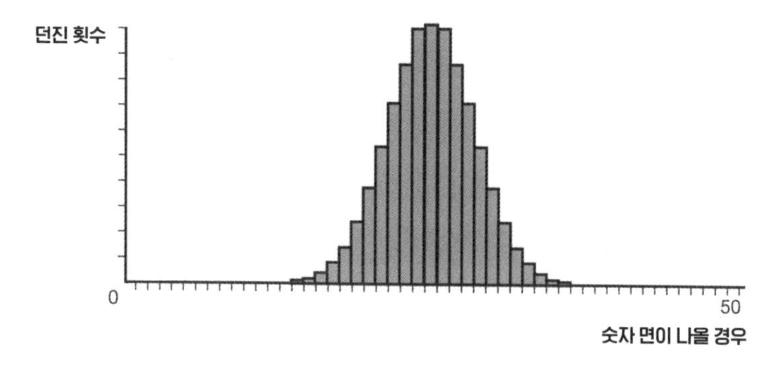

그림 3. 동전을 50회 던졌을 때 숫자 면이 나올 확률

앞에서 뉴턴과 라이프니츠의 적분 접근 방식을 그래프로 설명한 적이 있다. 〈그림 4〉에서도 각 칸의 면적을 구한 뒤 서로 비교해보면 정규분포곡선의 정상을 이루는 두 칸이 평균값에 해당한다. 그 두 칸에 전체의 약 40%가 포함되기 때문이다.

그래프에서 각 칸의 면적은 확률을 의미한다. 그림상으로는 키가 180센티미터 언저리인 남성의 비율이 전체의 40%를 차지한다. 웬만한 독일 남성의 키가 약 180센티미터라고 말해도 틀릴 확률이 그리 높지 않다는 뜻이다. 동전 던지기도 마찬가지다. 100회를 던졌을 때 절반가량은 숫자가, 절반가량은 그림이 나올 확률이 그렇지 않을 확률보다 높다. 100번 모두 숫자가 나오지 말라는 법은 없지만, 언뜻 상상해도 그럴 확률은 지극히 낮다. 말하자면 그렇게 될 확률은 〈그림 4〉의 그래프에서 곡선 밑바닥 부분에 속한다.

양성 판정을 받아도 암이 아닐 수 있다

:

드무아브르는 이렇듯 곡선과 적분을 활용해 확률 이론에 접근했다. 도대체 어떤 실용적인 목적이 있어서 확률 연구에 집착했을까? 국민들의 평균 키나 특정 집단의 아이큐 수준을 파악하기에는 유용했을 듯하다. 하지만 선거 결과 예측처럼 중대한 사안은 〈그림 4〉의 그래프에 집어넣을 수 없다. 유권자들의 표심에는 '정상'도 '비정상'도 없기 때문이다. 학술 분야에 적용하기도 쉽진 않지만 아예 불가능한 일은 아니다. 예를 들어 설명해보겠다. 힉스입자Higgs particle라는 게 있다. 우주를 구성하는 가장 근본적인 입자 중 하나인데, 지난 10년 사이 과학계가 낚은 대어大魚로 꼽힌다. 어쩌다 내가 그걸 발견했다고 치자. 내가 발견한 게 힉스입자인지 아닌지를 알고 싶은데, 그 확률을 과연 〈그림 4〉와 같은 그래프로 표현할 수 있을까?

대답은 "그렇다"이다. 토머스 심프슨Thomas Simpson이라는 수학자

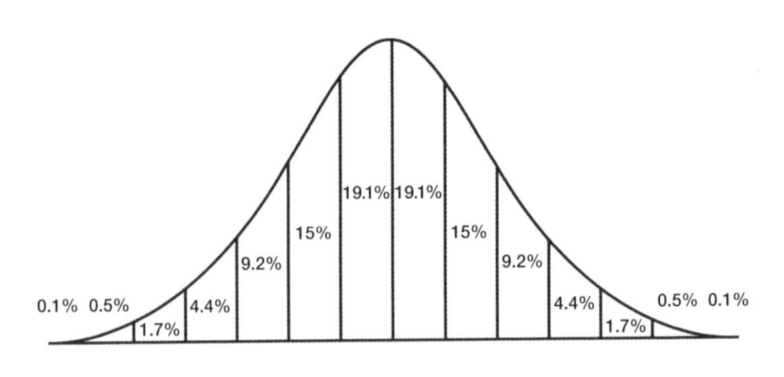

그림 4. 인접한 막대그래프들의 각 칸별 확률을 표시한 정규분포그래프

덕분이다. 심프슨은 동시대를 살았던 드무아브르의 연구 결과를 한 층 깊이 파고들고 책까지 출간하며 그 이론을 대중에게 널리 전파했다. 그러자 심프슨보다 일찍 연구한 드무아브르가 불편한 심기를 내비쳤다. 이후 발간한 책 서문에서 드무아브르는 심프슨을 이렇게 맹비난했다. "어떤 작자가 대중을 위한답시고 내 이론을 얼마나 왜곡하는지도 모른 채 이 책과 동일한 주제, 이 책의 속편이라고 할 만한 책을 아주 저렴한 값에 공급했다." 심프슨도 가만있을 인물은 아니었다. 다행히 드무아브르의 친구들이 둘 사이를 중재하면서 다툼은 더 크게 번지지 않았다.

드무아브르에게는 엎친 데 덮친 격으로 심프슨은 새로운 아이디어로 무장까지 한 상태였다. 발상을 전환해 기존의 확률 이론을 완전히 뒤집은 것이다. 심프슨은 실험 결과가 맞아떨어질 확률이 아니라 틀릴 확률에 주목했다. 대부분의 실험 장비는 충실하게 잘 작동한다. 측정값이 아예 빗나갈 확률은 높지 않다. 100%의 정확도를 보장할 수는 없지만 100%에 가까운 값이 나올 가능성이 꽤 높다. 이 상황을 〈그림 4〉의 그래프에 대입하면 곡선 정점 부근의 두서너 칸에 해당한다. 한편 장비가 제대로 작동하지 않을 확률이 높지는 않더라도, 운이 나쁘면 뒤로 자빠져도 코가 깨질 수 있듯, 완전히 틀린 측정값이 절대 나오지 않는다는 보장은 없다. 이 경우는 〈그림 4〉의 그래프에서 곡선이 가장 완만한 지점, 즉 맨 왼쪽이나 맨 오른쪽에 해당한다.

심각한 기계 오류만 없다면 힉스입자의 존재 여부를 둘러싼 확률도 심프슨의 방식으로 산출할 수 있다. 힉스입자의 경우 어차피 측정값의 정확도를 따질 방법이 없다. 힉스입자가 존재하는지부터 알아내는 게 급선무다. 입자의 존재도 확실하지 않은데 측정값이 정확한지 아닌지를 어찌 알겠는가? 자, 지금부터 내 생각이 틀렸다는 가정 아래 주요 값들을 측정하고 그 값들이 얼마나 생뚱맞은지 알아보겠다.

일단 힉스입자가 존재하지 않는다는 가정에서 출발한다. 그다음 내가 측정한 값들을 살펴본다. 만약 측정값이나 계산 결과가 아주 엉뚱하다면 역설적이게도 내게는 희소식이다. 힉스입자가 존재할 확률이 높아졌다는 뜻이기 때문이다. 거꾸로 측정값들이 딱딱 들어맞는다면, 다시 말해 정규분포곡선 정점에 가까운 막대그래프에 속하는 값이 나왔다면 힉스입자는 없을 거라는 가정이 옳았다는 뜻이다. 호기심 가득한 눈으로 나를 지켜보던 과학계의 기대를 무참히 짓밟게 되는 것이다. 다행히 현대의 과학자들은 힉스입자가 존재할 확률이 더 높다는 사실을 입증했다. 유럽입자물리연구소Conseil Européen pour la Recherche Nucléaire, CERN의 실험 방식도 방금 내가 말한 것과 비슷했다. 힉스입자가 존재하지 않을 때는 나오기 힘든 측정값들이 실험에서 도출된 것이다. 참고로, 실험 당시 측정값이 오류에 의해 잘못 나올 확률은 350만분의 1밖에 되지 않았다고 한다.

토머스 심프슨 혼자 모든 문제를 말끔히 해결한 것은 아니다. 앞서 소개한 베르누이의 접근 방식에 내포된 두 가지 문제를 떠올려보자. 첫째, 해야 할 실험의 횟수가 너무 많아서 실행에 옮길 수 없다. 둘째, 처음의 예측이 맞아떨어질 확률만 계산할 수 있다. 심프슨은 그 중 첫 번째 문제를 해결했다. 실험 횟수를 눈에 띄게 줄인 것이다. 두 번째 문제는 심프슨이 아닌 또 다른 토머스, 즉 토머스 베이즈Thomas Bayes가 심프슨의 이론을 발전시켜 해결했다. 힉스입자가 존재하지 않을 경우 계산을 통해 얻은 결과가 너무 황당했고, 그렇기 때문에 힉스입자는 존재할 수밖에 없다는 사실을 입증해냈다.

확률 중에는 의외로 간단하게 계산할 수 있는 것도 있다. 예를 들어 어떤 포털 사이트에서 이용자들이 받는 메일 중 스팸 메일이 차지하는 비율을 알아본다고 치자. 해당 사이트는 악명 높은 사기 수법에 자주 활용되는 용어들, 예를 들면 '나이지리아 왕자' 같은 검색어를 입력하고 필터링을 할 것이다. 그렇지만 '나이지리아 왕자'가 포함됐다고 해서 무조건 스팸 메일이라는 보장은 없다. 베이즈는 특정 단어가 포함되었을 경우 해당 메일이 스팸 메일일 확률을 구하는 공식을 개발했다.

$$\text{특정 단어를 포함한 메일이 스팸 메일일 확률} = \frac{\text{전체 메일 중 스팸 메일의 비율} \times \text{스팸 메일에 해당 단어가 포함될 확률}}{\text{해당 단어가 메일에 포함될 확률}}$$

특정 단어를 포함한 메일이 스팸 메일일 확률을 계산하려면 서로 다른 세 가지 확률을 공식에 대입해야 한다. 다행히 이 공식에 필요한 세 가지 확률은 쉽게 구할 수 있다. 적어도 수신 메일을 일일이 읽은 뒤 직접 스팸 메일함으로 옮기고 특정 단어가 포함된 메일이 스팸 메일일 확률을 알아내는 것보다는 덜 번거롭다.

첫째로 알아야 할 확률은 '전체 메일 중 스팸 메일의 비율'인데, 이는 스팸 메일함에 든 메일의 개수와 전체 수신 메일의 개수를 비교하면 금방 나온다. 둘째, 스팸 메일에 '나이지리아 왕자'가 포함되어 있을 확률('스팸 메일에 해당 단어가 포함될 확률')을 알아야 한다. 이 또한 쉽게 구할 수 있다. 스팸 메일함의 메일들 중 '나이지리아 왕자'가 들어간 메일 개수와 총 스팸 메일 개수를 비교하면 된다. 셋째, 수신 메일 중 '나이지리아 왕자'가 포함된 메일의 비율('해당 단어가 메일에 포함될 확률')을 알아야 한다. '나이지리아 왕자'가 포함된 메일 개수를 센 다음 전체 수신 메일의 개수를 비교하면 간단히 알아낼 수 있다. 그러고 나서 세 가지 비율을 종합적으로 연산하면 '나이지리아 왕자'를 포함한 메일이 스팸 메일인지 아닌지에 대한 확률이 나온다. 만약 그 비율이 높다면, 즉 진짜 나이지리아 왕자에 관한 내용이 아니라 성가신 스팸 메일일 확률이 높다면, 앞으로 그 단어가 포함된 메일은 무조건 스팸 메일함에 담기게끔 설정해도 좋다.

베이즈의 공식은 여러 면에서 유용하다. 야코프 베르누이가 해결하지 못한 숙제를 영리한 방식으로 해결했기 때문이다. 베이즈는 특정 수치를 미리 정해두지 않은 채 확률을 계산하는 방법을 개발했다. 물론 공식 자체가 완벽하다고 말할 만큼은 아니다. 아직까지는 우변에 놓인 공식이 좌변에서 원하는 확률 수치와 정확히 일치한다는 사실이 보장되지 않았다. 그럼에도 베이즈가 개발한 확률 공식은 분명 쓸모가 있다. 다양한 분야에 적용할 수 있고 그것을 관리하는

데 큰 도움이 된다. 게다가 확률은 확률일 뿐이어서, 어느 정도의 불확실성은 내재할 수밖에 없다. 베이즈의 확률 공식이 이전의 공식들과 차별성이 있다고 말하는 이유는 실생활에 쉽게 응용할 수 있다는 특징 때문이다.

의료 분야도 그중 하나다. 암 검진을 받는 상황을 머릿속에 그려보라. 양성이라는 결과가 나왔다면 검진의 정확성을 얼마나 믿어야 할지 간절히 알고 싶어질 것이다. 양성 판정을 받은 사람이 진짜로 암에 걸렸을 확률은 얼마일까? 이 또한 베이즈의 공식에 각종 확률을 대입해 구할 수 있다.

$$\text{양성 판정을 받은 사람이 진짜 암 환자일 확률} = \frac{\text{진짜 암 환자의 비율} \times \text{진짜 암 환자를 걸러내는 비율}}{\text{양성 판정을 받을 확률}}$$

이번에도 세 가지 수치가 필요하다. 첫째, 진짜 암 환자의 비율이 얼마인지부터 알아야 한다. 예컨대 1000명이 검사를 받는데 그중 진짜로 암에 걸린 사람은 20명이라고 치자. 그 비율('진짜 암 환자의 비율')은 $\frac{20}{1000}$이다. 그런데 20명 중 18명만이 양성 판정을 받았다면? 해당 검진으로 진짜 암 환자를 걸러낸 비율('진짜 암 환자를 걸러내는 비율')은 90%가 될 것이다. 이것이 두 번째 수치다. 마지막으로 필요한 수치는 위양성률false positive rate, 즉 암 환자가 아닌데 양성 판정이 나올 확률이다. 그 수치가 8%라면, 암에 걸리지 않은 980명 중 양성 판정을 받는 이가 78명이라는 뜻이다('양성 판정을 받을 확률' 9.6%).

이를 종합하면 1000명 중 96명이 양성 판정을 받는다고 할 수 있다. 실제로 암에 걸렸고 그래서 양성 판정을 받은 사람(18명)보다 훨씬 높은 수치다. 다행히 우리는 베이즈의 공식 덕분에 앞의 사례에서 양성 판정을 받은 이들 중 실제 암 환자의 비율이 18%밖에 안 된다는 사실을 알게 되었다. 이는 90%, 즉 실제 암 환자들을 대상으로 검진을 진행했을 때 양성 판정이 나올 확률보다 훨씬 낮은 수치다. 수학 덕분에, 정확하게는 확률 덕분에 암 검진에서 양성 판정을 받았다 하더라도 절망의 나락으로 떨어질 이유가 상당 부분 사라진 것이다.

예측값의 오차를 최소화하는 법

:

확률과 통계가 우리 일상과 밀접한 분야의 문제 해결에 본격적으로 투입된 계기가 있다. 1750년, 독일의 천문학자이자 수학자인 토비아스 마이어Tobias Mayer가 새로운 학문 분야를 개척했다. 마이어의 연구도 추상적인 이론이 아니라 실생활과 직접적으로 연관된 수학에 주안점을 두었다.

마이어가 살던 시절의 유럽은 큰 골칫거리를 떠안고 있었다. 유럽 강대국들은 세계 곳곳에 식민지를 두었고 유럽에서 출항한 배들은 오대양을 누비고 다녔다. 문제는 바다 위 선박의 위치를 정확하게 파악할 수 없다는 점이었다. 배 한 척을 잃을 때마다 각국은 막대한 손해를 입었다.

이에 영국은 위도와 경도를 정확하게 계산하는 방법을 알아내는 사람에게 엄청난 상금을 주겠다고 선포했다. 1730년을 즈음하여 정확한 위도를 파악할 길이 열렸다. 육분의六分儀, sextant* 를 이용하는 방식이었다. 그러나 경도를 측정하는 문제는 여전히 미해결 상태였다. 영국 왕실도 지원사격에 나섰다. 경도 측정에 성공하는 학자에게 더 큰 상금을 내건 것이다. 1714~1814년에 상금은 무려 10만 파운드까지 뛰었다. 현재 가치로 환산하면 수백만 파운드에 해당하는 돈을 오로지 경도 측정에만 투자한 것이다.

그렇다면 마이어의 업적은 무엇이었을까? 마이어는 달 좌표를 제작해 달의 위치를 정확히 측정하고 이를 토대로 시간을 계산했다. 그리고 시간대를 기준으로 경도의 위치를 파악했다. 동쪽으로 이동할수록 시간대가 런던과 멀어진다는 점, 다시 말해 암스테르담은 런던보다 시간이 늦고 뉴욕은 더 이르다는 점에 착안한 것이다. 시간대만 알면 선박이 기항지에서 동쪽 또는 서쪽으로 얼마나 이동했는지 계산할 수 있었다. 영국 정부는 경도 문제를 해결한 마이어의 공로를 인정해 마이어가 죽은 뒤 홀로 남은 부인에게 3000파운드의 상금을 수여했다.

마이어는 달의 위치를 파악할 때 세 가지 이상의 수치를 활용했다. 측정 횟수는 무려 27회에 달했다. 그보다 훨씬 많은 데이터에

* 두 점 사이의 각도를 정밀하게 측정하는 광학 기계. 태양이나 달, 별이 수평선과 이루는 각도를 통해 관측 지점의 위도를 가늠했다.

익숙한 우리로서는 별 감흥이 없지만 그때만 해도 이례적인 횟수였다. 더구나 마이어가 등장하기 전까지는 어떤 학자도 세 가지 이상의 수치를 확보해야 한다는 생각을 하지 못했다. 모두들 달의 위치를 알려면 3개의 미지수만 파악하면 되고, 따라서 측정도 세 번으로 충분하다고 믿었다. 미지수가 3개보다 적을 때는 원하는 값을 얻지 못했다. 그렇다고 해서 그보다 더 많이 알 필요는 없다고 생각했다.

당대를 주름잡던 천재 수학자 레온하르트 오일러Leonhard Euler조차 별로 다르지 않았다. 그러나 미지수가 3개일 때는 원하는 결과를 얻기가 쉽지 않았다. 이번에도 예를 들어보겠다. 텅 빈 공간에 직선을 하나 그어야 하는 상황이다. 처음에는 점이 하나밖에 없다. 미지수는 2개(선의 기울기와 시작점)다. 선의 기울기가 얼마인지도 모르고, 정확히 어느 높이에서 선이 시작하는지도 모른다. 미지수 3개 중 점의 위치 하나만 주어질 때도 직선은 그릴 수 없다. 만약 그 점이 x축과 y축 사이에 있다면 시작점의 높이는 알 수 있겠지만 기울기는 여전히 모른다. 〈그림 5〉의 A 그래프가 바로 이런 상황이다. B 그래프처럼 점이 2개만 되어도 선을 그을 수 있다. 두 점을 연결하기만 하면 되니까.

그런데 만약 점이 2개보다 많다면? 〈그림 5〉의 C 그래프를 보라. 이런 경우에는 어떻게 그어야 할까? 마음에 드는 두 점을 잇는 직선을 그으면 점 하나가 남을 텐데? 세 점 사이 어디에 직선을 그어야 원하는 값을 표현할 수 있을까? 기울기는 또 얼마가 되어야 할까? 이처럼 미지수가 2개보다 많을 때, 다시 말해 3개만 되어도 원하는

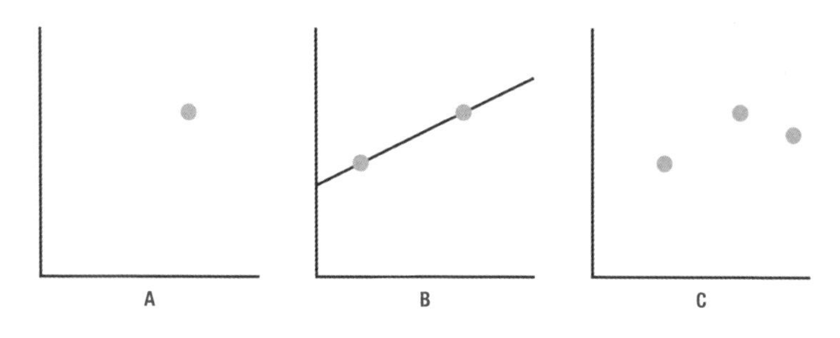

그림 5. 점이 1개, 2개 또는 3개일 때 직선 긋기

답을 구하기가 쉽지 않다. 오일러가 필요 이상으로 많은 수치를 측정하기 싫어한 것도 이런 이유 때문이다.

그러나 마이어는 문제를 풀 묘안을 냈다. 방법도 별로 복잡하지 않았다. 3개의 미지수를 알아내기 위해 총 27회 측정하고 이를 각기 아홉 건씩 세 집단으로 나눈 뒤 각각의 평균값을 구했다. 이로써 3개의 최종 측정값을 구한 것이다. 마이어의 계산 방식은 통했다. 같은 분야를 연구한 동시대 학자들보다 정확도가 훨씬 높았다.

마이어는 어떻게 학계의 인정을 받을 수 있었을까? 당장 오일러만 해도 마이어의 연구 방식이 완전히 엉터리라고 비난했다. 측정 횟수를 늘림에 따라 오류의 총량도 늘어나리라고 본 것이다. 예컨대 한 번 측정할 때마다 실제 높이와 측정값의 편차가 2라고 가정하면, 측정 횟수가 쌓일수록 편차도 누적되기 때문에 결국 틀린 값이 나온다는 주장이었다. 따라서 오일러는 최소한의 수치만 활용하는 편이 정확도가 높다고 고집을 부렸다. 그렇지만 이제 우리는 오일러의 말이 틀렸다는 사실을 안다. 왜 그럴까?

앞에 나왔던 정규분포곡선을 떠올려보자. 편차는 곡선의 모든 지점에 존재했다. 왼쪽 끝에도, 오른쪽 끝에도 분명 실제값과의 오차가 생긴다. 오일러는 표본의 수가 많을수록, 즉 측정 횟수가 늘어날수록 곡선이 점점 아래로 무너질 것이라 여겼다. 그러나 오차는 왼쪽과 오른쪽 모두에 존재하기 때문에 곡선은 오히려 위로 밀려 올라간다. 곡선의 중간을 기준으로 어떤 오차는 양의 방향으로 달리고 어떤 오차는 음의 방향으로 달린다. 따라서 결과적으로는 실제값에 가까운 곡선이 나오게 된다. 또 모든 측정 과정에서 약간의 오차는 불가피하다는 점을 감안하면, 오히려 측정 횟수를 늘리는 편이 정확도를 더 높인다고 할 수 있다.

실용성을 강화한 마이어의 연구 결과가 발표되자 확률 관련 저서들이 우르르 쏟아졌다. 카를 프리드리히 가우스Carl Friedrich Gauß, 피에르 시몽 라플라스Pierre Simon Laplace, 아드리앵 마리 르장드르Adrien-Marie Legendre 같은 당대의 수학자들이 그 대열에 합류했으며, 이번에도 이론의 저작권을 둘러싼 다툼이 일어났다. 특히 가우스는 다른 사람들보다 먼저 자신이 그 이론을 피력했다는 소문을 퍼뜨리라며 지인들을 닦달했다고 한다.

그 이론을 최초로 주창한 사람이 누구였는지는 중요하지 않다. 중요한 건 그들 모두 저마다 매진하고 있는 연구의 중대성을 알았다는 점이다. 학자들 사이의 열기는 뜨거웠다. 1827년 라플라스가 세상을 떠나기도 전에 벌써 라플라스의 이론에 기초한 학술 서적이 열 권 넘게 출간될 정도였다. 실험실의 과학자들은 이제 막 꽃피기 시작한 확률이라는 수학 분야를 적극 활용했고 그 밖의 분야에서도 확률의 영향력은 점점 커졌다. 파스칼과 페르마 이후 약 150년이 흐른 뒤 확률이라는 분야가 새로운 돌파구를 찾은 것이다.

그렇게 되기까지는 마이어의 공이 아주 컸다. 이전 학자들과는 다른 관점으로 문제에 접근한 것이 주효했다. 마이어는 측정값을 세 집단으로 나눈 뒤 각 집단의 평균값을 활용했다. 가우스와 라플라스는 마이어의 연구를 좀 더 매끈하게 정리했다. 점이 2개보다 많은 경우 직선을 어디에 그어야 할지를 알아낸 것이다. 예를 들어 측정값(점)이 여러 개인 경우가 있다고 치자. 가우스와 라플라스는 이 상황에서 가장 근사한 답을 표현하는 직선을 〈그림 6〉과 같이 그어야 한다고 믿었다.

〈그림 6〉에서 점선으로 된 직선은 측정값 사이의 오차를 최소화하는 위치에 놓여 있다. 그만큼 실제값에 가깝다는 뜻이다. 점과 점선 사이의 짧은 수직선들은 오차를 뜻한다. 즉 현재 점선의 위치가 실제값에 가장 가깝고 오차는 최소치라는 뜻이다. 오차 중에는 양의 방향(점선 위쪽) 오차도 있고 음의 방향(점선 아래쪽) 오차도 있다. 각각의 오차를 제곱하면 음의 값은 무의미해지기 때문에 이로써 계산은 끝난다. 앞서 심프슨의 사례에서도 확인했듯 측정값은 마이어가 활용한 27개보다 많아도 좋다. 그래야 오차를 최대한 줄일 수 있기 때문이다. 더 많은 수치를 활용할수록 예측의 정확도가 높아지는 것이다. 마이어처럼 측정값 3개 대신 27개를 세 집단으로 나누어 활용하면 정확도가 세 배는 높아진다. 물론 시간은 더 걸렸지만 그럴 만한

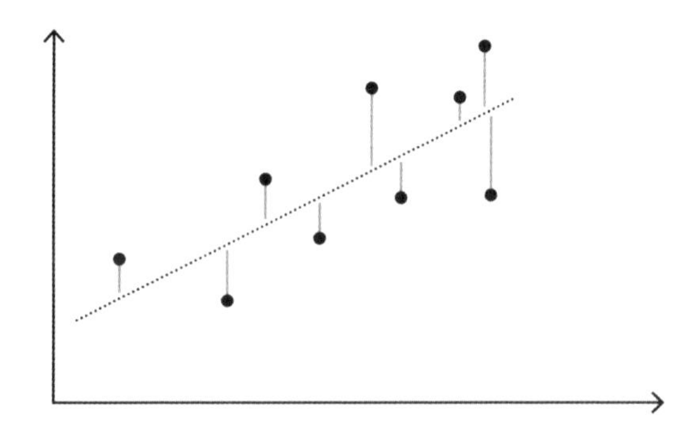

그림 6. 최상의 예측치를 알아내기 위해 가우스와 라플라스가 활용한 '최소 편차 제곱의 합'

가치가 있었다. 사후에 받긴 했어도 요즘 가치로 50만 파운드에 가까운 상금을 얻었으니 말이다.

부럽긴 하지만 어차피 상금은 그들 몫이고, 우리는 예측의 정확도가 높아졌다는 점에 주목해보자. 마이어 연구의 진가는 오류가 발생하는 지점을 더욱 정확히 유추할 수 있다는 데 있다. 생각해보면 간단한 원리다. 결정적인 오차 몇 개를 포함한 예측보다는 미미한 오차 여러 개를 포함한 예측이 정확도는 당연히 높다. 메소포타미아인들의 예측 방식은 전자에 속했다. 이를테면 경작지 1제곱미터당 수확량을 한 번만 예측해서 국민들을 먹여 살리는 데 필요한 곡식의 양을 가늠했다. 그러나 이론과 실제는 다르다. 경작지마다 비옥도의 차이가 있고 강수량도 지역마다 다르며 농부의 작업량에도 편차가 있다. 메소포타미아인들도 그 사실을 모를 리 없었겠지만 편차를 제대로 계산해낼 능력이 없었다. 무언가를 실제값에 가깝게 예측하거나 그 예측에 확신을 품기엔 그들의 수학 실력이 한참 모자랐다. 한

마디로 능력 밖의 일이었다. 다행히 가우스와 라플라스 덕분에 각종 예측치에서 최상의 값을 추출하는 방식을 이제는 안다.

전염병의 원인을 수학적으로 입증하려면

:

실생활의 여러 분야에서 통계를 제대로 활용하기까지는 그 후로도 100년이라는 세월이 필요했다. 그러다 1850년경 콜레라가 번졌다. 감염 원인이나 전파 경로를 알기 어려워 사람들은 속수무책으로 당할 수밖에 없었다. 콜레라는 잊을 만하면 다시 퍼지며 수많은 희생자를 낳았고 대규모 전염병으로 발전했다. 사람들은 오염된 공기나 악취가 콜레라의 원인이라고 믿었다. 기분이 우울해지면 콜레라에 걸릴 확률이 높아진다는 터무니없는 유언비어마저 퍼졌다. 1832~44년 뉴욕에서는 콜레라에 걸리기 싫으면 차분함과 침착함을 유지하라는 지침까지 나돌았다. 다행히 콜레라는 꿀꿀한 기분 때문에 생기는 병이 아니라 수인성水因性 감염병일 것이라고 의심하는 사람들이 늘어났다. 그러나 당시 콜레라의 원인을 둘러싼 논쟁은 어디까지나 이론적 차원에 그쳤을 뿐 체계적인 연구로 발전하지는 못했다.

그러던 어느 날, 존 스노John Snow라는 영국 의사가 이 질병을 연구하기 시작했다. 콜레라가 짧은 간격으로 여러 차례 창궐하던 시기였다. 1848년 스노는 몇 차례의 역학 연구를 최초로 진행했으며 머지 않아 범인 색출에 성공했다. 전염병의 시발점은 존 해럴드John Harold라는 선원이었다. 그러나 해럴드가 이사를 가고 한참 지나 그 집에 입주한 사람이 왜 콜레라에 감염됐는지는 밝혀내지 못했다. 그 이유를 알아내기 위해서는 더 많은 조사가 필요했다.

몇 년 뒤 콜레라가 다시금 대규모로 확산했다. 연구를 마무리하지 못한 스노로서는 행운이었을지도 모르겠다. 스노는 한층 준비된 상태로 접근했다. 상세 지도를 펼쳐 콜레라 환자가 발생한 지점을 표시한 것이다. 〈그림 7〉은 당시 스노가 만든 지도다. 스노는 콜레라로 사람이 죽은 지점에 검은 점을 찍었다.

희생자들은 런던의 브로드가街 인근에 집중되어 있었다. 브로드가의 수도 펌프가 콜레라에 오염되었던 것이다. 펌프에서 물을 길어

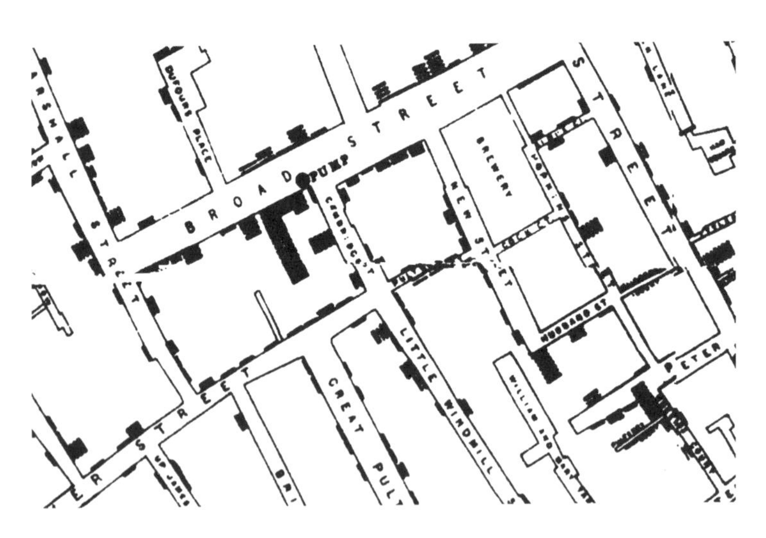

그림 7. 영국 런던 브로드가 인근의 콜레라 사망자 발생 지점(검은색 부분)

마신 이들은 전부 콜레라에 걸렸다. 그 인근에서 콜레라 환자가 나오지 않은 곳은 단 두 군데, 빈민들이 모여 사는 건물과 양조장뿐이었다. 두 곳 모두 자체 수도 펌프가 설치되어 있었다.

그런데 콜레라가 브로드가 밖의 다른 지역으로까지 번진 이유가 황당하고 안타까웠다. 브로드가의 수질이 더 좋다고 생각해 날마다 브로드가에서 물을 길어다 마셨던 한 여성이 이사를 간 것이다. 그녀는 이미 콜레라에 걸린 상태였다. 물론 콜레라처럼 파장이 큰 전염병의 원인은 더 철저하게 학술적으로 규명해야 마땅하다. 하지만 그 정도로 정밀한 연구는 그로부터 몇 년 뒤 콜레라보다 더 무시무시한 전염병이 퍼진 뒤에야 비로소 이루어졌다.

스노는 아마 깨닫지 못했겠지만, 그는 세계 최초로 이중맹검법double-blind experiment이라는 방식을 시도했다. 이중맹검법이란 실험자와 피실험자 모두 어떤 게 진짜 약이고 가짜 약인지 모르는 상태에서 약의 효능을 판단하는 실험 방식이다. 1855년 수천 명이 콜레라로 사망했다. 스노는 만약 식수가 감염원이라면 상수도 업체들과도 연결 고리가 있으리라 예상하면서 서더크앤드복스홀 수도 회사와 램버스 수도 회사를 의심했다. 두 회사 모두 템스강을 식수원으로 활용했지만, 서더크앤드복스홀이 오염도가 더 심한 곳에서 물을 끌어왔다. 서더크앤드복스홀에서 식수를 공급받은 가정은 콜레라 감염 위험에 더 많이 노출되었다.

스노의 예측은 들어맞았다. 서더크앤드복스홀은 4만 가구에 물을 공급했는데 그중 1263명이 콜레라로 사망했다. 1만 가구당 315명이 목숨을 잃은 셈이다. 그보다 깨끗한 물을 공급한 램버스의 경우 콜레라 사망률은 1만 가구당 37명'밖에' 되지 않았다. 두 업체 외에 첼시라는 수도 회사도 서더크앤드복스홀과 비슷한 수질의 물을 공급했다. 그러나 첼시는 서더크앤드복스홀보다 세심한 정수 과정을 거친 덕분에 자사의 식수를 공급받은 사람들의 희생을 줄일 수 있었다.

스노는 자신의 추론이 옳다고 굳게 믿었다. 모든 실험 결과가 콜레라의 원인은 오염된 물이라고 가리켰으니 확신을 품을 수밖에 없었다. 스노의 이론이 결국 옳았는데 머지않아 콜레라균도 발견되었다. 하지만 스노는 이론의 정당성, 즉 자신의 연구 결과가 사실과 일치할 확률이 어느 정도인지는 알 수 없었다. 콜레라 사망자 수와 수도 회사 사이에 얼마나 밀접한 연관성이 있는지도 밝히지 못했다. 게다가 동시대 학자들 중에는 스노의 실험 결과가 콜레라가 수인성 전염병이라는 증거가 될 수 없다고 반박하는 이들도 많았다. 1892년까지도 몇몇 의학자는 콜레라가 토양 오염으로 인한 전염병이라고 주장했다. 수학의 도움을 조금만 더 받을 수 있었다면 스노는 자신의 이론이 옳다는 사실을 입증했을 것이다. 콜레라가 수인성 감염병이라는 진실도 널리 알렸을 것이다. 그러나 수학 연구가 아직 미진했던 탓에 아무도 질병 확산을 효과적으로 막지 못했고 안타깝게도 수많은 희생자를 내고 말았다.

스노가 간과한 점은 무엇일까? 어떻게 하면 수도 회사와 사망자 수 사이의 연관성을 수학적으로 입증할 수 있었을까? 한 가지 방법은 앞에서 소개한 바 있다. 힉스입자의 존재 여부를 확인할 때처럼, 콜레라 환자들의 사망 원인이 오염된 물이 아니라는 가정 아래 희생자 수를 비교하는 것이다. 사람의 목숨이 달린 일이라는 점을 감안하면, 사망자가 1만 가구당 315명인 것과 37명인 것은 그야말로 하늘과 땅 차이이다.

어쩌다 우연히 그런 일이 벌어졌을까? 그게 우연인지 아닌지 알려면, 앞에 나왔던 중간이 불룩하고 양옆으로 갈수록 평평해지는 언덕 모양의 정규분포곡선을 소환해야 한다. 콜레라의 원인이 오염된 물이 아니면서, 서더크앤드복스홀과 램버스에서 식수를 공급받은 각 지역의 사망자 수가 크게 차이 날 확률은 곡선의 어디쯤에 해당할까? 그렇다. 꼭짓점이 아닌 x축에 가까운 지점이다. 그리고 두 지역의 사망자 수에 큰 격차가 생긴 것이 순전한 우연일 가능성이 아주 미미하다면, 두 수도 업체가 공급한 수질 차이가 사망자 수의 차이를 불러왔을 확률은 아주 높아진다.

존 스노가 활용했다면 좋았을 또 다른 방법이 있다. 전염병이 몇 차례 발생하는 동안 여러 번에 걸쳐 조사가 이뤄졌다고 가정해보자. 이번에는 오염된 물을 공급받던 사람들의 행동이 중간에 달라졌다. 예를 들어 신문 기사 등을 통해 서더크앤드복스홀의 수질이 생명을 위협할 정도라는 소식을 접한 뒤 많은 사람들이 수도 업체를 램버스로 바꿨다. 이 경우 수도 업체의 변동이 콜레라 발생 빈도와 관련이 있는지를 관찰할 수 있다. 즉, 개선된 수질과 줄어든 사망자 수 사이의 연관성을 살펴보는 것이다.

이 사례에서 오염된 물을 마신 주민의 수와 콜레라 환자 수 또는 콜레라 사망자 수 사이에는 일종의 연관성이 성립한다. 그 연관성을 학계에서는 상관관계correlation라고 일컫는다. 그런데 학자들은 상관관계를 인과관계와 동일시해서는 안 된다고 경고한다. 특정 데이터 사이에 뚜렷한 연관성이 있는 것처럼 보여도 하나의 수치가 반드시 다른 수치를 초래했다고 결론 내릴 수 없다. 이를 앞의 사례에 대입하면, 수질이 낮은 식수원 때문에 콜레라가 널리 퍼졌다고 단언하기 어렵다는 말이 된다. 왜 그럴까? 서로 무관한 변수들이 있기 때문이다. 배우 니컬러스 케이지가 출연한 영화의 편수와 수영장에서 익사한 사람의 수 사이에 어떤 상관관계가 있는지 한번 살펴보자.

상관관계는 인과관계가 아니다

:

〈그림 8〉의 그래프를 보라. 몇 년에 걸쳐 케이지가 출연한 영화의 수와 어쩌다 수영장에서 익사한 사람의 수가 거의 평행선을 그리고 있다. 이들이 수영장에 빠져 죽은 이유가 케이지 때문이었을까? 두 수치 사이에 인과관계가 성립할까? 당연히 그렇지 않다. 그러나 두 수치를 비교하면 왠지 둘 사이에 어떤 상관관계가 있는 것처럼 보인다. 아무래도 한번 수학적으로 계산을 해봐야 할 듯하다.

다행히 1900년 이후로 그 작업이 가능해졌다. 상관계수correlation coefficient를 이용해 케이지가 출연한 영화의 수와 수영장 익사자 수

사이의 연결 고리, 즉 연관성을 계산할 수 있다. 상관계수는 -1과 +1 사이의 수치로, 두 변수 간의 연관성을 나타내는 지표다. 상관계수가 -1이라는 건, 케이지가 영화를 많이 찍을수록 수영장 익사자의 수가 줄어든다는 뜻이다. 이 경우 그래프의 선 2개는 완전히 역방향으로 달린다. 반대로 상관계수가 +1이라는 건, 케이지가 영화에 모습을 많이 드러낼수록 익사자의 수가 늘어난다는 뜻이다. 상관계수가 0이라는 건, 케이지가 어떤 영화에도 출연하지 않으면 익사자의 수가 늘지도 줄지도 않는다는 뜻이다. 이 경우에는 그래프의 선 2개가 정확히 겹친다. 상관계수가 0이고 두 변수 사이에 아무런 연관성이 없기 때문이다.

그렇지만 상관계수를 동원한다 해도 엉뚱한 변수들의 개입을 완벽하게 차단할 수는 없다. 케이지가 출연한 영화 수와 수영장 익사자 수를 나타낸 〈그림 8〉의 그래프에서 상관계수는 0.666이며 실제로 두 곡선도 평행선에 가깝게 달리고 있다. 이유는 간단하다. 두 변수 모두 쉽게 변하는 것들이 아니기 때문이다. 케이지가 갑자기 한 해에 스무 편의 영화에 출연할 확률도 높지 않고, 수영장에서 익사하는 불운을 겪는 이가 별안간 열 배로 뛸 가능성도 높지 않다. 웬만해서는 잘 변하지 않는 이런 변수들은 사방에 널려 있다.

따라서 상관관계를 다룰 때는 세심한 주의가 필요하다. 앞의 사례를 보면서 니컬러스 케이지 때문에 수영장 익사자가 늘었다고 생각하는 사람은 아무도 없을 것이다. 그러나 그 경계는 꽤나 불분명해서 사람들을 잘못된 방향으로 몰아갈 때가 많다.

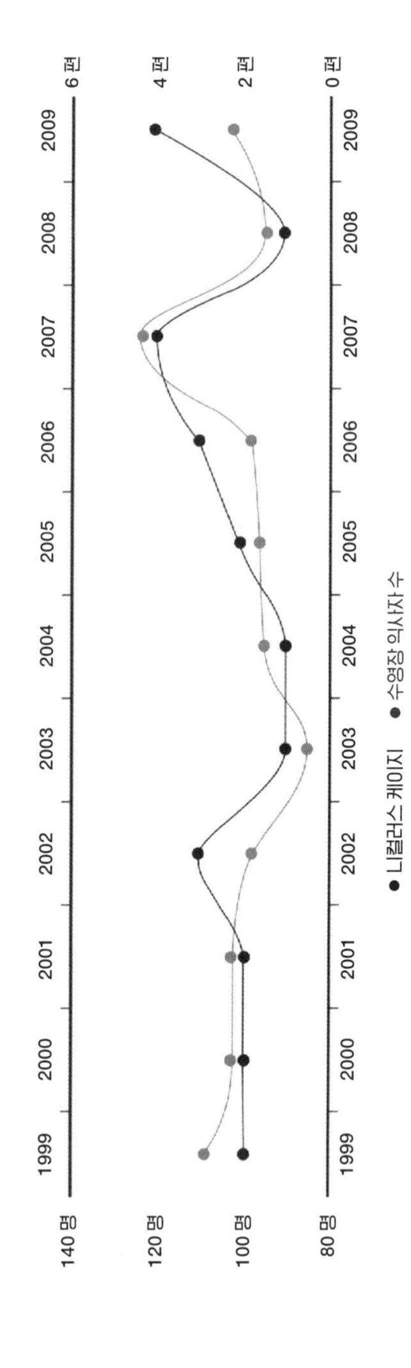

그림 8. 니컬러스 케이지가 출연한 영화 편수와 수영장 익사자 수를 비교한 그래프

언젠가 《월스트리트저널》에서 높은 안전성이 지방 과다증, 즉 비만을 유발한다는 기사를 낸 적이 있다. 놀이터가 안전할수록 거기에서 뛰노는 아이들이 비만이 될 확률이 높아진다는 내용이었다. 그래서 어떡하라고? 아이들이 너무 살이 찌는 건 싫으니 이제부터 아이들을 좀 더 위험한 놀이터로 내보내야 할까? 안전한 놀이터가 정말 아이들을 피둥피둥하게 만들까? 그럴 리는 없다고 본다. 모르긴 해도 최근 들어 놀이터의 안전도가 높아졌고, 비슷한 시기에 마침 아이들이 예전보다 뚱뚱해졌다는 사실이 어느 학자의 눈에 띄었을 것이다. 그 학자는 아마도 "오! 이럴 수가!"를 외치며 둘 사이의 상관관계를 연구했고, 《월스트리트저널》은 학자의 연구 결과를 기꺼이 받아쓰며 곧바로 기사화했을 것이다. 통계는 이렇듯 쉽게 사람을 현혹한다. 거기에 낚이지 않으려면 두 눈을 크게 부릅떠야 한다.

'살인사건 10% 증가'의 진실

:

숫자로 세상을 비트는 것만큼 쉬운 일이 또 있을까? 통계라는 학문이 등장한 이래 그런 일은 꾸준히 있어왔다. 1954년에 출간된 책 『새빨간 거짓말, 통계』를 보면 통계를 이용한 조작이 빈번하게 자행된다는 사실을 알 수 있다. 상관관계나 비율을 앞세운 눈속임과 수치가 대중의 인식을 얼마나 오도하는지를 낱낱이 밝힌 것이다.

비교적 최근의 사례를 들어보겠다. 2017~18년 미국 법무부 장관을 지낸 제프 세션스Jeff Sessions는 2017년 중반 어느 날 미국의 치안 문제를 꼬집는 연설을 했다. 치안 문제가 너무 심각해졌고 미국이 점점 더 위험해지고 있으며 미국으로 이주하는 모든 사람을 의심의 눈초리로 바라보아야 한다는 내용이었다. 이미 미국에 정착한 이주민들도 감시 대상에 포함해야 하며, 지난해에는 살인사건 발생률이 10%나 늘었다고 강조했다. 1968년 이래 살인 관련 범죄율이 이 정도로 높아진 적은 처음이라는 점도 힘주어 말했다.

그 말만 들으면 고개가 절로 끄덕여진다. 그러나 현재 미국의 살인사건 발생률은 어느 때보다 낮다. 미국의 살인사건 발생률이 갑자기 높아진 이유는 이전의 살인사건 발생률이 아주 낮았기 때문이다. 무슨 말인지 자세히 살펴보자. 지난해에 10명이 살인사건으로 사망했는데 올해에는 11명이 죽었다면 살인사건 발생률이 10% 늘었다고 볼 수 있다. 지난해에 1만 명이 죽었고 올해 1만 1000명이 희생당했다면 그 또한 10% 늘어난 셈이 된다. 그런데 최근 들어 미국에서 발생한 살인사건 수는 예전보다 많이 줄었기 때문에 법무부 장관이 말한 '10% 상승'은 사람들에게 더 크게 느껴졌을 것이다.

세션스 장관이 말한 10%라는 수치 뒤에는 또 다른 변수들이 숨어 있었다. 늘어난 살인사건 10%의 절반은 시카고에서 발생했는데, 당시 살인사건 수는 781건이었다. 시카고 외에 몇몇 지역의 치안이 느슨해진 것도 사실이었다. 그러나 미국 전체로 보면 그해는 어느 때보다 안전한 해였다. 세션스는 거짓 수치를 들이민 게 아니었다. 오직 진실만 얘기했다. 하지만 그 말을 들은 이들은 당연히 미국이 예전보다 위험해졌다며 경계심을 품을 수밖에 없다. 이처럼 의도적으로, 거짓말은 하지 않고 예리하게 고른 수치 하나가 현실을 심각하게 왜곡할 수도 있다.

수치를 이용한 현실 왜곡은 여러 차원으로 이루어진다. 우리는 이따금 '예전보다 지금이 살기에 좀 더 나아진 게 아닌가?'라고 자문한다. 사는 게 나아졌다는 말은 대체로 소득과 관련이 많다. 미국은 그 궁금증을 해소해줄 수치도 조사했다. 심지어 서로 다른 통계 2개를 도출했다.

첫 번째는 정부기관에서 공식적으로 내놓은 통계로, '우리의 생활수준은 결코 높아지지 않았다'라고 말한다. 1979년 이후 지금까지 국민들의 수입이 거의 늘어나지 않았다는 것이다. 기준 연도가 1979년이라는 것은 꽤 오랜 기간을 두고 조사했다는 뜻이다. 그 조사에서 소득수준이 높아지지도 낮아지지도 않았다는 결과가 나왔다. 게다가 이를 발표한 곳은 미국 인구조사국United States Census Bureau이었다. 인구조사국이라고? 이름만 들어도 왠지 공신력이 팍팍 느껴진다!

두 번째 통계는 민간 싱크탱크에서 발표한 것이었다. 해당 싱크탱크는 지금 국민들이 1979년보다 약 1.5배 높은 수입을 올리고 있고 삶의 질은 훨씬 높아졌다고 발표했다. 미국인들의 소득수준이 이만큼 높았던 적은 한 번도 없으며, 1979년 이후 수입이 꾸준히 늘고 있다고도 했다. 민간 싱크탱크와 정부 산하기관이 아예 다른 결론에 도달한 것이다. 둘 중 누가 옳았을까?

100% 장담할 수는 없지만 조심스레 싱크탱크 쪽의 손을 들어주고 싶다. 인구조사국이 아주 사소한 변수 하나를 무시했기 때문이다. 인구조사국은 가구당 평균수입을 기준으로 삼고 그 수치를 가구당 세대원 수로 나눴다. 문제는 조사가 이뤄진 2014년에 1979년과 똑같은 세대원 수를 적용했다는 점이다! 시대가 변하면서 가구당 세대원 수는 줄어들었다. 1인 가구가 늘고 자녀가 없는 가정이 많아졌으며, 자녀가 있다 해도 예전처럼 많지 않다. 따라서 가구당 수입을 합산한 값을 더 작은 수로 나눠야 한다. 그런데 전체 소득을 실제와는 다른 수치, 즉 예전과 동일한 세대원 수로 나누었으니 예나 지금이나 생활이 어렵다는 결론이 나올 수밖에 없다.

특정 수치를 해석하는 과정에서 문제가 발생할 때도 많다. 남성과 여성의 임금격차가 대표적이다. 이른바 선진국이라 불리는 나라들에서도 여성의 임금이 남성 임금의 85% 수준에 지나지 않는다고 한다. 충격적이다. '시대가 어느 때인데 아직도 그런 일이!'라는 생각이 절로 든다. 그런데 어쩌면 문제의 원인이 수치가 아닌 다른 곳에 있을지도 모른다. 같은 회사, 같은 직위의 여성이 같은 회사, 같은 직위의 남성보다 연봉이 그렇게까지 낮지 않을 수도 있다는 말이다. 선진국들의 경우, 남성과 같은 업체에서 일하고 직급이 같은 여성들의 연봉은 그만큼 낮지 않다. 남성이 100이라면 여성은 98 정도다. 물론 그것을 완전한 평등이라고 할 수는 없다. 단지 여성이라는 이유로 임금의 2%를 깎이는 상황은 결코 정의롭지 않다. 그러나 100:85보다는 100:98이 한결 공평해 보이긴 한다.

앞에서 언급한 남녀 임금격차(85%)는 동일한 노동을 했을 때의 격차가 아니다. 경제활동에 종사하는 남성 전체와 여성 전체를 비교했을 때 여성이 15% 덜 받는다는 뜻이다. 전체 여성의 평균 연봉이 낮은 까닭은 여성이 고위직에 진출하는 빈도가 낮기 때문이다. 대기업 간부들의 성비를 떠올려보라. 여성이 훨씬 적을 것이다. 간병이나 간호 등 전형적인 여초 직종의 임금이 경찰 같은 남초 직종의 임금보다 낮은 것도 사실이다.

이렇듯 여성과 남성의 임금격차를 초래하는 원인은 다양하다. 그런 점을 감안하면 평균임금을 단순 비교 하는 것은 시간 낭비에 불과하다. 남녀 간 임금 불평등을 해소하려면, 예컨대 여성이 임신으로 경력이 단절된 이후에도 고위직에 진출할 수 있게끔 사회적 시스템을 마련하거나 전형적인 여성 직종의 임금 수준을 높여야 한다. 단순 비교 수치 하나만을 기준으로 여성차별을 논하는 것은 탁상공론에 불과하다.

통계는 세상을 왜곡할 수 있는 힘을 지녔다. 바로 평균 때문이다. 소득 증가율도 세대원의 소득 총합을 단순히 세대원 수로 나눈 값이다. 남녀의 소득격차도 평균값이다. 문제는 평균값 뒤에 어떤 함정이 숨어 있는지가 불투명하다는 점이다. 남성이 주로 종사하는 직종과 여성이 주로 종사하는 직종에 뚜렷한 차이가 있는데도 평균값만을 비교해서는 안 된다. 그 너머에 숨은 여러 변수를 깡그리 무시하지 말자.

〈그림 9〉의 네 가지 그래프를 살펴보라. 그래프에 표시된 측정값

들(점들)의 위치가 완전히 다르다. 그런데 통계학적으로 분석한 결과는 4개가 거의 비슷한 직선을 그리고 있다. 걸출한 수학자 가우스와 라플라스의 이론에 따르면 이 직선들은 최적의 예측값이다.

통계수치를 대할 때는 주의해야 한다. 내 생각이 옳다는 걸 뒷받침해줄 수치가 어디에나 존재하기 때문이다. '분명 옛날이 지금보다 더 살기 좋았어!'라는 확증편향에 빠진 사람이 있다고 해보자. 아마 그 사람은 지금이 예전보다 소득 수준이 1.5배 많다는 증거는 버리고, 인구조사국이 발표한 공식 수치만 맹신할 것이다. '이민자들 때문에 밤길 걷기가 무서워졌어!'라고 생각하는 사람은 살인사건 발생률이 10% 늘었다는 소식에 "그럴 줄 알았어!"를 외칠 것이다. 정반대의 상황도 마찬가지다. 성별에 따른 임금격차에 이를 부들부들 가는 이들은 최소한 같은 회사에서 같은 직위, 같은 일을 하는 남녀에게는 임금격차가 없음을 입증하는 수치들을 보며 안도감을 느낄 것이다. 남녀 간 불평등은 예전보다 많이 해소되긴 했지만, 그렇다고 문제가 완전히 해결된 것은 아니다. 아직도 해결해야 할 숙제가 많이 남아 있다.

평균값은 함정도 많지만 활용도도 매우 높다. 복잡한 사실관계를 단방에 정리해주기 때문이다. 선진국의 남녀 임금격차를 한눈에 (대략적으로) 파악할 수 있는 것도 평균값 때문이다. 남녀 임금격차를 알아내겠다며 모든 국민의 임금을 일일이 조사할 수는 없다. 그러기엔 너무 많은 비용과 시간과 품이 든다. 어떤 수치나 데이터의 흐름을 알고 싶을 때 평균값은 아주 유용한 구름판이 되어준다. 해당 분야

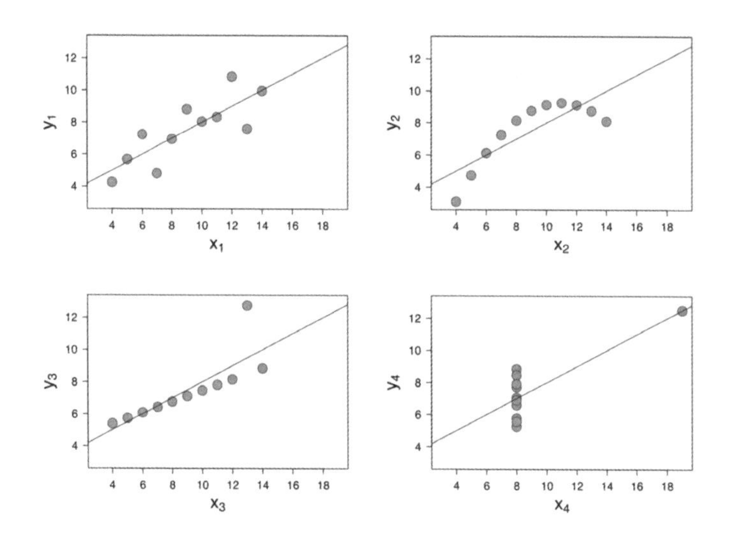

그림 9. 측정값에는 큰 차이가 있지만 결과적으로 거의 비슷한 직선을 그리는 네 가지 그래프

의 자세한 수치를 들여다볼 수 있는 위치로 도약시켜주기 때문이다. 무언가를 예측할 때도 평균값이 반드시 필요하다. GPS로 현 위치를 알아보거나 스마트폰 카메라의 해상도를 높게 조절할 때도 수학은 필수적이다. 특히 여론조사에서 수학은 무대 뒤를 꿰뚫어볼 혜안을 선사하는 아주 든든한 벗이다.

누가 이기고 질 것인가, 여론조사

:

선거와 관련한 여론조사의 역사는 꽤 길다. 모든 국민에게 물어보지 않고 각 후보의 예상 득표율을 수학적으로 계산하기 시작한 지도 벌써 100년 가까이 되어간다. 원리는 아주 단순하다. 예를 들어 트럼프의 국정 지지도를 조사했더니 국민의 40%가 '잘하고 있다'라고 답했다 치자. 그 수치를 알아내기 위해 미국인 모두에게 의견을 물어볼 수는 없다. 그러려면 천문학적 비용과 시간이 들 것이다. 본래 설문조사는 무작위로 선택한 작은 표본집단의 의견만으로도 대표성이 충분하다는 발상에서 출발했다. 그 표본집단에 속할 확률이 누구나 동일하다면, 트럼프의 직무 수행 성과를 긍정적으로 보는 이들이 전체 국민의 40%라고 봐도 무방하며, 그 소규모 표본집단이 전체 국민의 의견을 대표한다고 본다는 뜻이다.

그 과정에 수학이 필요한 이유는 조사 결과를 정확히 분석할 필요가 있기 때문이다. 여론조사가 빗나갈 확률은 얼마나 될까? 가능성은 아주 낮지만, 표본을 무작위로 선발했더라도 트럼프 지지자들로만 표본집단이 꾸려졌을 경우를 아예 배제할 수는 없다. 그렇지만 조사 대상 수를 늘리면 결과가 엇나갈 확률을 낮출 수 있다. 설문조사의 정확도가 높아지는 것이다. 물론 오판 가능성을 0까지 낮추기는 어렵다. 조사 대상을 100% 무작위로, 다시 말해 아주 고르게 선발했을 가능성이 아주 낮기 때문이다. 1936년 미국 대선 상황을 살펴보자.

그 무렵 미국은 대공황의 막바지에 놓여 있었다. 경제적으로 중대한 사안을 선택해야 하는 기로에 서 있던 만큼 프랭클린 루스벨트와 앨프 랜던 중 누가 승리할지가 초미의 관심사였다. 이에 《리터러리 다이제스트》는 1000만 구독자들을 대상으로 설문조사를 실시했다.

1936년 미국 인구가 1억 2500만 명이었으니, 그 잡지의 정기 구독자 수는 무려 인구의 10%에 육박했다. 조사 대상 1000만 명 중 설문에 응한 이는 200만 명이었다. 설문은 전화 통화로 이뤄졌다. 당시에는 그게 가장 간단한 방법이었다.

대대적인 설문조사가 끝난 뒤 《리터러리 다이제스트》가 결과를 발표했다. 공화당 후보 랜던이 57.1%의 득표율로 이기고 민주당 후보 루스벨트는 42.9%를 넘지 못할 것으로 예상했다. 그러나 뚜껑을 열어보니 결과는 완전히 딴판이었다. 루스벨트가 60.8%라는 절대 과반을 차지하며 압승을 거둔 것이다. 랜던의 득표율은 36.5%에 그쳤다. 어디서 무엇이 잘못된 것일까? 조사 규모가 그토록 컸음에도 표본집단의 비율이 중립적이지 않았던 게 화근이었다. 대공황 시절만 해도 전화기가 없는 가정이 많았다. 따라서 설문 응답자 중에는 비교적 부유층에 속하는 이들, 즉 공화당 지지자가 훨씬 많았던 것이다.

최근에는 여론조사 결과가 그 정도로 크게 빗나간 적은 없다. 물론 2016년 미국 대선 시기에는 완전히 틀린 예측이 쏟아지기도 했다. 수많은 전문가들이 힐러리 클린턴의 승산을 70~99%로 점쳤다. 그런데 이상하게 들리겠지만 2016년 미국 대선 때 여론조사 기관들은 1936년 이래 가장 정확한 결과를 냈다. 완전히 엇나간 예측이 아니었다는 뜻이다. 클린턴이 당선될 확률로만 범위를 좁히면 분명 문제가 있었지만 득표율을 들여다보면 사정은 달라진다. 당시 여론조사 기관들은 클린턴의 득표율을 46.8%, 트럼프의 득표율을 43.6%로 예측했다. 이때 주목해야 할 점은 바로 두 수치의 차이다. 둘의 격차는 약 3%다(46.8% - 43.6% ≒ 3%). 실제 투표 결과 클린턴은 48.2%, 트럼프는 46.1%를 가져갔다. 48.2%에서 46.1%를 빼면 2.1%이니 예상보다 조금 더 박빙이었다고 볼 수 있다. 게다가 전국적으로는 클린턴의 득표율이 높을 것이라는 예측도 맞아떨어졌다.

그럼에도 2016년 미국 대선을 앞두고 실시한 여론조사가 승자를 맞히지 못한 이유로는 크게 세 가지를 꼽을 수 있다.

첫째, 표본집단이 완전히 무작위로 선정되지 않았다. 표본집단의 분포가 고르지 않았던 것이다. 세월이 흐름에 따라 모든 것이 발달하듯 설문조사 기법도 옛날보다 예리해졌다. 그러나 결과를 좌우할 변수가 너무 많았다. 예컨대 대졸자들의 성향은 대학을 나오지 않은 이들과 많이 다르다. 표본집단에 고학력 유권자들이 더 많이 포함된 경우, 힐러리 클린턴을 지지한다는 응답이 늘어날 수 있다. 2016년에 치른 여론조사에서도 표본집단 내 트럼프 지지자들이 차지하는 비중이 더 낮았을 것이다. 1936년《리터러리 다이제스트》가 실시한 조사가 그랬듯, 빈곤층과 저학력층을 표본집단에 골고루 포함하는 문제가 여전히 해결되지 않았다.

둘째, 트럼프를 승리로 이끈 주역, 즉 트럼프를 미국 대통령의 자리로 이끈 견인차 구실을 한 연방주들에서의 조사 결과가 정확하지 않았다. 당시 분석가들은 조사 결과를 보며 펜실베이니아주, 위스콘신주, 플로리다주 주민들이 클린턴을 찍으리라고 예측했다. 해당 주의 주민들이 과거 민주당을 더 지지한 이력이 있었기 때문이다. 적어도 2016년 대선 전까지는 그랬다. 그런데 세 연방주 주민들 중에는 선거 직전까지 마음을 결정하지 못한 이들이 많았다. 그 부동표들이 막판에 트럼프 쪽으로 몰렸다. 부동표의 향방을 정확히 예측할 수 있는 여론조사는 없다. 투표장에 들어가는 순간까지 누구를 찍을지 고민하는 유권자의 마음을 어떤 여론조사 기관에서 분석할 수 있겠는가?

셋째, 이른바 '샤이 트럼프shy Trump'가 너무 많았다. 누구를 찍을지 아직 결정하지 못해 '모름'이라고 대답한 건지, 자신이 트럼프 지지자라는 게 부끄러워 그렇게 대답했는지 우리로서는 알기 어렵다. 확실한 건, 누구를 찍을지 분명하게 응답한 이들 중에는 클린턴 지지자가 더 많았다는 사실이다. 조사자들의 실수로 그런 일이 일어난 게 아니다. 어차피 조사자는 응답자에게 정치적 성향을 커밍아웃하라고 강요할 권리가 없다. 2016년 대선 여론조사에서 조사자들이 유일하게 간과한 부분은 응답자들의 학력 분포를 고르게 선정하지 못했다는 점이다. 나머지 요인들은 선거가 끝난 뒤에야 밝혀진 것이라 조사자들이 미리 손쓸 방도가 없었다. 결과론적인 얘기지만, 여론조사가 트럼프의 승리를 예측하지 못한 까닭은 오직 펜실베이니아주와 위스콘신주, 플로리다주의 깜짝 결과를 예측하지 못한 탓이었다.

지금까지 언급한 사례들만 봐도 통계가 현실을 얼마나 왜곡하는지 잘 알 수 있다. 정확한 절차와 기법에 따라 진행한 설문조사도 완전히 빗나갈 수 있다. 평균값이 착각을 불러일으킬 때도 많고, 서로 무관한 두 현상 사이에 연결 고리가 존재하는 듯이 비칠 수도 있다. 뒤집어 말하면, 통계를 조금만 알아도 평균값의 함정을 알아채는 게 가능하다는 뜻이 된다. 또는 두 현상 사이에 상관관계가 있다고 해도 이를 표현한 곡선이 반드시 겹치지 않는 이유를 알 수 있다. 한 가지 분명한 사실은, 비록 우리를 오도하고 현혹하고 착각의 수렁으로 빠뜨릴 때가 있긴 하지만 통계는 분명 유용한 학문이라는 것이다.

앞서 암 검진 결과 양성 판정이 나왔을 때 내가 진짜로 암 환자일 확률을 계산하는 법을 소개했다. 내막을 꼼꼼히 들여다보면 위양성 판정일 경우의수가 얼마나 많은지도 확인했다. 그런 계산 과정을 거치면 불안감을 줄일 수 있다. 이렇듯 평균값 같은 많은 수치들이 정보의 홍수 속에서 길을 밝혀주는 등대 역할을 한다. 평균값은 수많은 정보를 한 타래로 엮은 뒤 대략이나마 돌아가는 상황을 한눈에 파악하게 해준다. 평균값이 현실을 완벽하게 반영하는 것은 아니다. 그러나 우리에겐 현실을 완벽하게 파악할 시간적 여유가 없기 때문에 평균값으로 만족할 수밖에 없다. 경제 각 분야의 모든 지표를 일일이 들여다볼 만큼 식견이나 시간 여유가 있는 사람이 과연 얼마나 될까? 그런 의미에서 평균값은 변화의 추이를 읽을 때도 아주 유용한 도구다.

그런데 평범한 삶을 살아가는 우리가, 수학자도 경제학자도 아닌 우리가 통계와 확률을 반드시 알아야 할 필요가 있을까? 미적분을 직접 계산할 능력이 없어도 사는 데 불편이 없듯 통계나 확률을 몰라도 아무 문제가 없지 않을까? 미안하지만 이번엔 조금 다르다. 조금만 더 알면 분명 큰 도움이 된다. 미적분에 통달하는 것보다 통계나 확률을 꿰뚫어보는 눈을 갖추는 편이 더 유용하다는 것은 부인할 수 없는 사실이다. 누구나 설문조사 결과라든가 통계수치와 마주칠 때가 있기 때문이다. 다만 앞서 봤듯 수치가 현실을 오도하는 일이 너무 많다. 미국의 세션스 법무부 장관은 특정 수치를 의도적으로 언급하면서 미국의 치안 상태를 왜곡했다. 각종 설문조사 역시 표본집단을 선택하는 방식에 따라 고의로든 실수로든 현실을 조작할 수 있다. 대부분의 학술 분야도 연구 결과의 신뢰도를 높이기 위해 각종 수치를 교묘하게 이용한다.

통계수치는 우리 삶에 지대한 영향을 준다. 자녀를 위해 무엇이 최선인지 알고 싶을 때, 건강 유지 비법을 알고 싶을 때, 다음 선거의 승자가 누구인지 궁금할 때, 전염병의 감염원이 무엇인지 알고 싶을 때도 우리는 늘 수치와 맞닥뜨린다. 통계를 조금 깊이 공부하면 더 많은 호기심이 채워진다. 컴퓨터는 화면에 뜬 이미지들을 어떻게 분석할까? 이메일 사이트 운영자들은 어떤 방식으로 스팸 메일을 걸러낼까? 데이터의 양이 방대해질수록 통계의 중요성도 커진다. 엄청난 양의 데이터를 분석할 때 통계만큼 압도적으로 유용한 학문이 또 있을까?

바야흐로 지금은 데이터 홍수의 시대다. 통계가 우리 삶에 지대한 영향을 끼친다고 말하는 것도 그 때문이다. 어떤 수치든 그 뒤에 통계가 있다고 해도 과언이 아니다. 신문 기사나 TV 뉴스에 하루에도 얼마나 많은 % 수치나 평균값이 등장하는지 한번 세어보라. 그 수치를 산출하는 과정 또는 그 안에 어떤 왜곡을 슬쩍 끼워 넣었는지 꿰뚫을 수 있다면 비판적 시각을 갖추는 것도 어려운 일은 아니다. 수치는 덮어놓고 믿으라고 있는 게 아니다. 어딘가에서 온 그 수치들, 특정한 과정을 거쳐 도출된 그 수치들에 현미경을 들이대고 싶다면 통계에 관해 조금은 알아두는 편이 좋다. 그것이 이번 장의 결론이다.

7장.

데이터에서 패턴을 읽는 법: 알고리듬

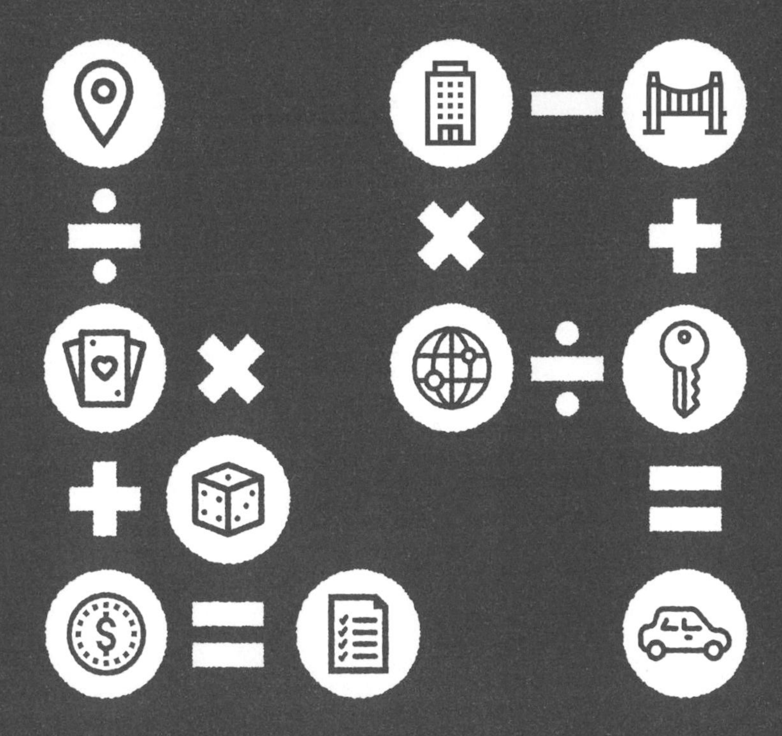

18세기 초, 오늘날 러시아의 칼리닌그라드에 해당하는 도시 쾨니히스베르크에 관한 퀴즈를 두고 학자들 사이에 논란이 일었다. 쾨니히스베르크를 관통하는 강 중간에는 2개의 큰 섬이 있었는데, 그 섬들은 강의 양쪽 기슭과 모두 7개의 다리로 이어져 있었다. 〈그림 1〉은 1700년경 쾨니히스베르크의 지도다. 지도에는 7개의 다리 위치에 동그라미가 그려져 있다. 퀴즈는 각 다리를 한 번씩만 건너면서 7개를 전부 통과할 방법이 있느냐는 것이었다.

가능한 모든 방법을 하나씩 차례로 시도해보면 정답을 알아낼 수 있겠지만 그러려면 너무 많은 시간이 필요했다. 1736년 오일러는 모든 다리를 중복되지 않게 통과하는 것이 불가능하다고 최종 선언했다. 이른바 한붓그리기로 7개의 다리를 모두 통과할 수 없다는 사

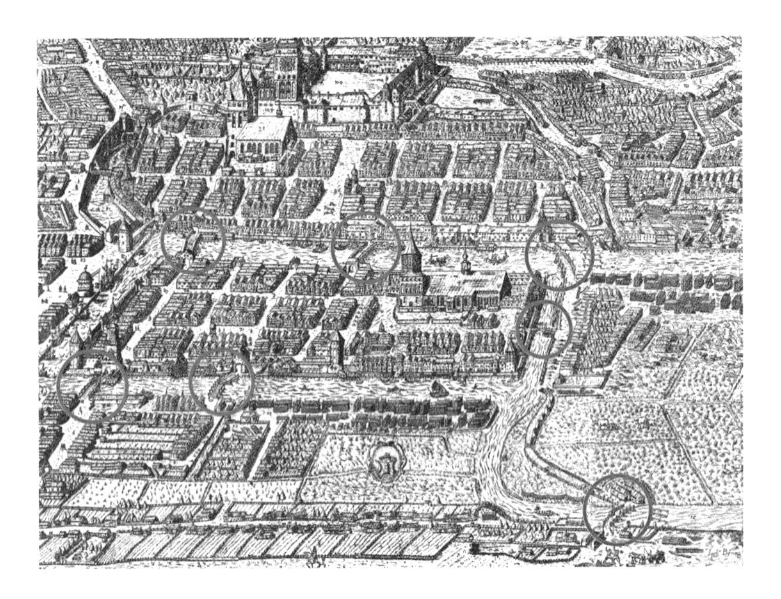

그림 1. 7개의 다리가 표시된 쾨니히스베르크 지도

실을 수학적으로 증명한 것이다. 오일러는 수학 분야에서 그 밖에도 많은 업적을 남겼다. 사인sin, 코사인cos, 탄젠트tan 법칙을 개발한 사람도 오일러다. 그는 서서히 시력을 잃어가면서도 연구를 중단하지 않았다. 오히려 시력이 나빠지니 잡념을 떨칠 수 있어 좋다고 말했다고 한다.

오일러는 쾨니히스베르크 다리 문제를 해결하기 위해 필요 없는 정보부터 과감히 버렸다. 쾨니히스베르크의 상세 지도 따위는 문제 해결과 무관하니 오직 다리에 집중하기로 한 것이다. 오일러는 종이 위에 다리는 직선이나 곡선으로, 두 섬과 강의 양쪽 기슭은 점으로 표시했다. 점은 요즘으로 말하자면 일종의 나들목이다. 하나의 노드

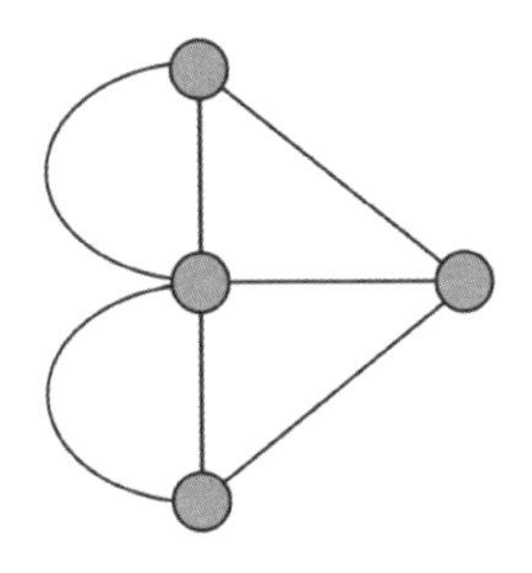

그림 2. 그래프로 나타낸 쾨니히스베르크의 다리 구조

node, 즉 교점에 연결된 두 다리로만 이동이 가능하다. 오일러의 쾨니히스베르크의 다리 산책 과정은 〈그림 2〉와 같은 도식으로 축약된다. 독자들 중에도 이 그림을 한 번쯤 본 이들이 있을 것이다.

이 그래프를 바탕으로 7개 다리를 통과하는 두 가지 방법을 떠올릴 수 있다. 첫 번째는 크게 한 바퀴를 돌아 출발점으로 되돌아오는 경우, 두 번째는 출발점과 도착점이 서로 다른 경우다. 같은 다리를 두 번 건너지 않고 모든 다리를 지나치기만 하면 되므로, 둘 중 어느 방법을 택하든 상관은 없다. 이때 원형으로 도는 첫 번째 방식, 즉 하나의 선으로 나가 최종 선을 지나친 뒤 도착점으로 돌아오려면 출발점과 도착점이 최소 2개의 선분과 이어져야 한다. 그래야 모든 다리를 한 번만 통과할 수 있기 때문이다. 출발점과 도착점이 서로 다른 두 번째 방식에서는 하나 이상의 선분과 이어진 점이 2개는 있어야 한다. 출발점에서 1번 다리 위를 걷고 7번 다리를 통해 도착점으로 와야 하기 때문이다.

어느 방식으로든 한 점에서 출발해 다음 지점으로 가야 한다. 점을 통과하는 순간 현재 걷고 있는 다리의 끝 지점에 도착하고 그다음 다리의 시작 지점으로 들어서게 된다. 점 하나를 지날 때마다 2개의 다리를 밟게 되는 것이다. 한꺼번에 2개의 다리 위를 걷는 것은 물리적으로 불가능하다. 반칙도 허용되지 않는다. 중간에 배를 타고 이동하는 등 걷기 이외의 방식으로 이미 통과한 다리를 건너뛸 수는 없다.

그 과정을 수학적으로 계산해보면 단 두 가지 경우에만 과제를 완수할 수 있다는 결론이 나온다. 원형으로 돌 경우, 그래프의 모든 점이 짝수 개의 다리와 연결돼야만 한다. 중간 기착지는 모두 2개의 다리와 통하고, 출발점과 도착점이 2개의 선분과 이어져 있어야 한다. 한편 출발점과 도착점이 다른 경우, 다시 말해 A에서 B로, B에서 C 등으로 이동할 때도 모든 점은 짝수 개의 선과 연결되어야 한다. 그러나 쾨니히스베르크의 경우에는 출발점과 도착점에 각각 하나의 선이 더 연결되어 있다. 즉 출발점과 도착점이 홀수 개의 선분과 이어져 있는 것이다.

무슨 말인지 당최 납득이 가지 않는다고 해서 자괴감에 빠질 필요는 없다. 결론적으로 오일러는 홀수 점(홀수 개의 선분과 이어진 교점)이 2개 이하일 때만 쾨니히스베르크 다리 문제가 해결 가능하다는 것을 증명했다. 하지만 쾨니히스베르크의 다리들은 홀수 점으로 이루어져 있고, 그렇기 때문에 같은 다리를 두 번 건너지 않고는 모든 다리를 통과할 방법이 없다. 이로써 의문은 풀렸다. 어떤 경로로 걷더라도 한붓그리기는 불가능하다는 사실이 확실히 밝혀졌다.

그래서 우리가 얻은 게 뭐냐고? 뭐, 많진 않다. 게임과 확률을 논했을 때와 마찬가지로 이 수수께끼 역시 그래프이론이 등장한 배경을 보여줄 뿐이다. 다만 오일러가 쾨니히스베르크 다리 문제를 실제 지도가 아닌 그래프로 해결한 최초의 학자였다는 점은 높이 살 만하다. 점과 선들을 이용해 문제를 해결하고 이러한 추상적 이론이 실생활의 문제 해결에도 도움이 된다고 믿은 것이다. 오일러의 생각은 틀리지 않았다. 실제로 그 그래프들은 구글 지도가 경로를 찾을 때 탄탄한 밑바탕이 되어주고 있다.

다익스트라 알고리듬 vs A* 알고리듬

:

쾨니히스베르크 문제는 강의 남쪽에서 출발하든 북쪽에서 출발하든 다리들을 한 번만 지나야 하는 조건이 있었다. 어느 방향으로 이동하는지는 상관없었다. 그런데 방향이 문제가 될 때도 있다. 일방통행을 떠올려보라. 이 경우에는 교차로와 교차로를 선분으로 잇는 것만으로는 부족하다. 어느 방향으로의 일방통행인지를 알려주는 화살표가 표시되어야 비로소 그래프의 효용이 발휘된다. 뉴욕 맨해튼의 도로들이 좋은 예다. 맨해튼의 차도는 거의 대부분 일방통행로다. 따라서 그 도로를 통과하는 방법을 수학적으로 계산할 때는 주의해야만 한다. 맨해튼 일부의 지도를 그래프로 나타내면 〈그림 3〉과 같다.

그래프 안의 점들은 일방통행로 사이의 교차로를 뜻한다. 도로의

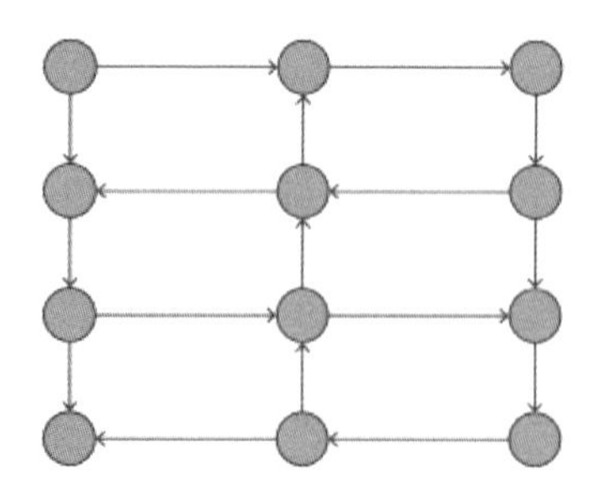

그림 3. 뉴욕 맨해튼의 도로 지도

통행 방향은 화살표로 표시해두었다. 출발 지점이 왼쪽 맨 아래 교차로라면 꼼짝달싹할 수 없다. 일방통행이라 모든 길이 막혀 있기 때문이다. 따라서 교통신호를 위반하지 않는 이상 차량은 단 1미터도 움직이지 못한다.

한편 왼쪽의 4개 교차로를 없애면 사방팔방으로 나아갈 수 있다. 교차로의 개수가 짝수라서 수직 방향으로든 수평 방향으로든 별 문제 없이 이동해서 한 바퀴 빙 돌 수 있다. 그러나 지금 상태로는 원하는 방향으로 이동하기가 어려운데, 왼쪽 절반은 있으나 마나 한 지도이기 때문이다. 앞서 말한 것처럼 왼쪽 맨 아래 교차로에서는 왼쪽 맨 위 교차로까지 이동할 수 없으며, 그 외 어느 방향으로도 움직이지 못한다. 그냥 거기에 갇혀 있어야 한다. 오른쪽 맨 위나 맨 아래 교차로에서 출발하면 한 바퀴를 도는 데 문제가 없다. 이러한 문제점을 수학자가 도시계획 담당자에게 미리 알려준다면 아마도 원활한 교통 흐름을 만들어내느라 골머리를 앓지는 않을 것이다.

구글 지도도 이동 가능한 방향을 화살표로 알려준다. 사용자가 입력한 목적지로 향하는 길을 찾을 때 중간에 일방통행로가 있는지 없는지를 모르고는 최적의 경로를 산출할 수 없기 때문이다. 한 방향으로만 차가 막힐 때도 화살표는 유용하다. 예를 들어 고속도로에서 한쪽은 막히고 반대쪽은 흐름이 원활하다면 당연히 정체 현상이 일어난 쪽의 이동 시간이 길어진다. 운 좋게 정체가 없는 방향으로 달리고 있다면 평소 이동 시간과 큰 차이는 나지 않을 것이다. 이런 계산에서 화살표는 무척 유용하다. 컴퓨터는 정체 방향 쪽 화살표 옆의 숫자들, 즉 구간 사이의 이동 시간을 정체 수준에 따라 바꾸고 그 수치를 전체 계산에 반영한다. 정체가 없는 방향의 화살표 옆 숫자는 그대로 둔다.

구글 지도상의 화살표와 그 옆의 수치들은 도로의 일방통행 여부와 이동에 필요한 시간을 뜻한다. 1장에서 예로 들었던 전철 노선도를 기억하는가? 방향과 이동 시간만 알면 실제 지도는 몰라도 된다. 간단한 계산만으로 최단 경로를 산출해낼 수 있다는 사실도 이미 확인했다. 컴퓨터가 가능한 모든 경로를 체크한 뒤 최단 경로를 알려주기 때문이다. 그러나 이를 위해 컴퓨터는 진짜로 '가능한 모든' 경로에 대해 가상의 세계에서 모의 주행을 실시한다. 때로는 목적지 방향이 아닌 다른 방향으로 달리는 게 최단 경로를 추출하는 지름길이 될 수도 있다. 이런 식의 계산법을 전문 용어로는 다익스트라 알고리듬Dijkstra algorithm이라고 한다.

〈그림 4〉의 행렬 표를 살펴보자. 편의상 각 지점을 점 대신 칸으로 나타냈다. 그림에는 보이지 않지만 칸들 사이에는 인접한 칸으로 이

어지는 작은 화살표들이 있다. 이 행렬은 왼쪽 하단의 별표(출발점)에서 시작해 오른쪽 상단의 가위표(도착점)까지 이어지는 경로를 다익스트라 알고리듬을 활용해 탐색한 것이다. 그런데 한 가지 제약이 있다. 그림에서 짙게 표시한 굵은 선은 지나갈 수 없다. 차량으로 이동할 수 없는 강이나 다른 장해물쯤으로 생각하면 된다. 숫자가 표시된 칸들은 알고리듬으로 검사한 칸이다. 해당 칸이 목적지인지 아닌지를 검토해본 것이다. 칸 안의 숫자는 이동 거리, 즉 목적지에 도달하기 위해 지나쳐야 할 칸의 개수를 뜻한다. 수많은 경로를 검토하고 나서 컴퓨터가 실제로 선택한 경로는 가장 밝게 표시되어

12	13	14	15	16	17	18	19	20	21	22	23			
11	12	13	14	15	16	17	18	19	20	21				
10	11	12	13	14										
9	10	11	12	13	14	15	16	17	18	19	20			
8	9	10	11	12	13	14	15	16	17	18	19			
7	8	9	10	11	12	13	14	15	16	17	18		22	
6	7	8	9	10	11	12	13	14	15	16	17		21	22
5	6	7	8	9	10	11	12	13	14	15	16		20	21
4	5	6	7	8	9	10	11	12	13	14	15		19	20
3	4	5	6	7	8	9	10	11	12	13	14		18	19
2	3	4	5	6	7	8	9	10	11	12	13		17	18
1	2	3	4	5	6	7	8	9	10	11	12		16	17
	1												15	16
1	2	3	4	5	6	7	8	9	10	11	12	13	14	15
2	3	4	5	6	7	8	9	10	11	12	13	14	15	16

그림 4. 다익스트라 알고리듬으로 이동 횟수 23회 미만의 모든 경로를 탐색한 결과

있다.

다익스트라 알고리듬은 아주 체계적인 방법으로 연산을 실행한다. 우선 한 칸만 이동하는 경로를 모두 검토해 그곳을 잠재적 도착점이라 가정한 뒤 해당하는 칸에 1이라는 숫자를 기입한다. 이후 다시 출발점에서 두 칸을 이동하는 경로를 검토해 그 칸들에 2라는 숫자를 적어 넣는다. 그런데 도착점까지 도달하기 위한 실제 최단 경로인 23칸 이하로 이동하는 경우의수가 아주 많기 때문에 모든 칸을 검토하려면 너무 많은 시간이 필요하다. 다익스트라 알고리듬의 문제점이 바로 그것이다. 실제 목적지까지 이어지는 최단 경로를 계산하는 데 시간이 지나치게 오래 걸린다.

도로의 수가 많을수록, 목적지가 멀수록 연산에 필요한 시간은 더 늘어난다. 그래서 구글 지도는 이 알고리듬을 쓰지 않는다. 여느 IT 기업들처럼 구글도 정확히 어떤 프로그램을 활용하는지 밝히지 않았다. 하지만 길 찾기에 주로 활용하는 기법들은 잘 알려져 있기 때문에 구글에서 어떤 프로그램을 쓰는지는 합리적으로 추론할 수 있다. 많은 기업들이 A* 알고리듬A star algorithm을 활용한다. 발생 가능한 최단 경로를 모두 탐색한다는 점에서 A* 알고리듬은 다익스트라 알고리듬과 어느 정도 비슷하다. 그러나 A* 알고리듬은 예상 이동 거리까지 계산해낸다.

이동 거리를 예측하기는 어렵지 않다. 컴퓨터는 그래프를 기준으로 계산하기 때문에 실제 현장을 볼 수는 없다. 그러나 몇 가지 정보만 추가하면 대략적인 예측이 가능하다. 구글 지도에는 예컨대 출발지와 목적지의 좌표가 포함된다. 알고리듬이 두 지점의 위도와 경도를 알고 있는 셈이다. 이를 활용해 거리를 대강 추측할 수 있다. 위도 1도 사이의 거리는 평균 111킬로미터쯤 된다. 구글 지도는 두 지점의 위도와 경도 차이를 통해 이동 거리나 소요 시간을 추론한다. 단, 그 값을 예측할 때 도로의 수나 각 도로의 제한속도, 평균 교통량 등은 고려하지 않는다. 따라서 구글은 분명 이보다는 더 똑똑한 알고리듬, 최적의 경로를 탐색하기에 앞서 이동에 소요되는 시간까지 예측해내는 알고리듬을 활용하고 있으리라 추론할 수 있다.

A* 알고리듬에는 한 가지 수학적 트릭이 숨어 있다. 이미 주행한 거리만 합산하는 게 아니라 이동해야 할 거리, 즉 앞으로 달려야 할 거리까지 예측하는 것이다. 그게 다가 아니다. 이 알고리듬은 이동한 거리와 이동할 거리를 합한 값이 최솟값인 경로만 검토 대상에 포함한다. 사소해 보이지만 실제로는 큰 차이를 불러오는 기술이다. 〈그림 5〉는 방금 전 다익스트라 알고리듬으로 찾아낸 것과 똑같은 경로를 탐색하는 과정을 보여준다. 단, 이번에 활용한 것은 A* 알고리듬이다. 다익스트라 알고리듬을 활용했을 때보다 숫자가 표시된 칸의 수가 훨씬 적다. 따라서 컴퓨터가 검토해야 할 경로의 개수도 훨씬 줄어든다.

A* 알고리듬은 작업을 훌륭하게 수행했다. 22칸이라는 예측값이 나왔으니 실제 최단 경로인 23칸과 한 칸밖에 차이가 나지 않는다. 위도와 경도를 계산할 때와 비슷한 과정을 거쳐서 나온 결과다. 목적지의 좌표(밑에서 열네 번째, 왼쪽에서 열두 번째 칸)에서 출발지의 좌표(밑

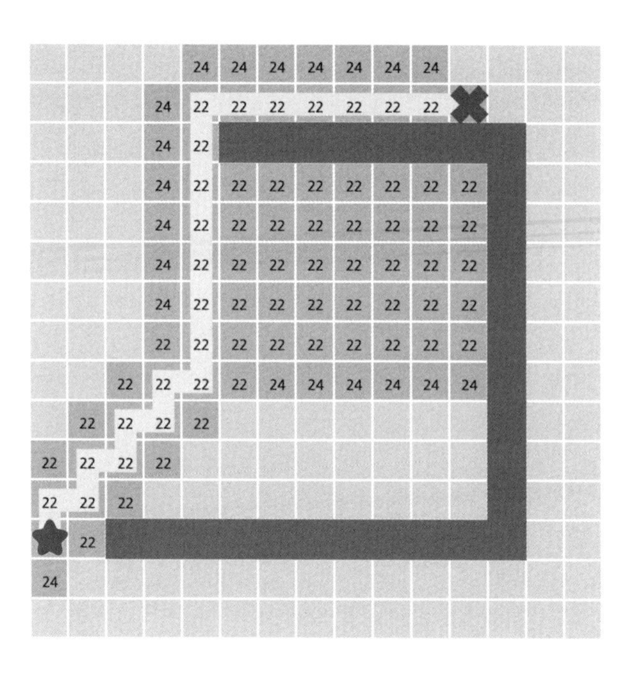

그림 5. A* 알고리듬으로 동일한 경로를 탐색한 결과

에서 세 번째, 왼쪽에서 첫 번째 칸)를 뺀 것이다. 14에서 3을 뺀 값과 12에서 1을 뺀 값을 더하니 22칸이라는 결과가 나왔다. 참고로, 이동한 거리와 이동할 거리를 합산할 때도 이와 동일한 방식을 활용한다.

아직 끝이 아니다. 컴퓨터는 차량이 주행하는 내내 행렬 표에서 이동이 불가능한 경로까지 점검한다. 강물의 흐름을 따라 검게 표시된 칸들을 관찰하면서 혹시 강 위 어딘가에 다리가 놓여 있지는 않은지, 있다면 그 경로가 지름길이 아닌지 계속 살피는 것이다. 번거롭고 복잡해 보이지만 A* 알고리듬의 접근법이 확실히 더 실용적이다. 다익스트라 행렬 표와 달리 이 행렬 표의 검은 선 안쪽 우측 구석에는 도착점과 방향이 완전히 달라 숫자가 표시되지 않은 칸들이 있다. 그 칸들까지 포함하면 계산 시간이 너무 길어져 일부러 뺀 것이다. 출발점에서 그곳까지 가려면 아주 많은 칸을 지나쳐야 하는 데다, 어차피 목적지에서 멀리 떨어졌기 때문에 그곳들은 최종 계산에서 제외했다.

그 밖에도 검색 시간을 단축하는 수학적 트릭이 몇 가지 더 있다. 이를테면 출발지에서 목적지로 이동하는 경우만이 아니라 역방향, 즉 목적지에서 출발지로 거꾸로 이동하는 경우도 계산에 포함하는 것이다. 이 방법을 적용하면 컴퓨터는 두 방향을 번갈아가며 탐색하다가 중간에서 두 경로를 잇는다. 목적지에서 한 걸음, 출발지에서 한 걸음씩 이동하다가 중간에서 만나는 식이다. A* 알고리듬에서는 이러한 양방향 합산법이 가능하다. 서로 이어야 할 두 지점 사이의 거리를 계산하면 된다. 설정만 잘하면 A* 알고리듬으로 북미 대륙 전체 도로망에서 가장 효율적인 경로들을 찾아낼 수 있다.

다익스트라 알고리듬과 A* 알고리듬의 차이는 매우 크다. 두 방법의 차이는 한 가지 실험을 통해 명확히 드러났다. 해당 실험에서 활용한 북미 대륙의 도로망은 총 2113만 3774개의 점과 5352만 3592개의 연결선(도로)으로 구성된다. 다익스트라 알고리듬은 평균 693만 8720개의 점을 지났다. 그런데 약간의 전처리前處理 작업과 수학적 연산을 이용해 그래프의 크기를 조금 줄이자, 양방향 합산법을 따르는 A* 알고리듬이 최단 경로를 찾기 위해 지나친 점의 개수가 16만 2744개로 줄어들었다.

현재 알고리듬 개발 분야에서 가장 눈길을 끄는 혁신은 앞서 말한 전처리 분야다. 대표적인 사례가 하이웨이 하이어라키스 알고리듬highway hierachies algorithm으로, 몇 가지 연산을 추가해 그래프를 단순화한다는 특징이 있다. 이 알고리듬을 이용해 본래 1800만 개의 점이 표시되어 있던 지도를 대폭 단순화하면, 흔히들 사용하는 일반 컴퓨터로도 단 몇 초 만에 최단 경로를 찾아낼 수 있다.

이 방법 뒤에 숨은 원리는 알고리듬의 이름에서 이미 알 수 있다. 이 알고리듬은 긴 구간을 이동할 때 가장 많이 이용하는 도로가 고속도로라는 데 착안했다.* 뉴욕에서 시카고로 갈 때 좁은 국도를 이용하면 아무래도 시간을 더 많이 잡아먹을 수밖에 없다. 그래서 고성능 컴퓨터들은 좁은 국도는 무시한 채 계산을 시작한다. 그래프에서 그 도로들을 지우고 연산에 들어가는 것이다. 물론 좁은 국도라고 전부 배제하지는 않는다. 점과 화살표 중 출발지와 도착지 사이의 고속도로를 연결하는 국도는 고속도로와 함께 그대로 남겨둔다.

그런데 컴퓨터 알고리듬은 처음에는 어느 화살표가 고속도로고 국도인지 모른다. 이때 가장 먼저 해결해야 할 과제는 고속도로만 걸러내는 것이다. 다른 컴퓨터, 다른 알고리듬보다 더 빨리 찾아낼수록 컴퓨터와 알고리듬의 경쟁력은 높아진다. 고속도로를 필터링하는 과정도 자동으로 이뤄진다. 컴퓨터는 단순화하기 이전의 그래프에서 다양한 최단 경로들 중 등장 빈도가 가장 높은 도로들만 걸러

* 영어로 highway는 '고속도로', hierachies는 '계층'을 뜻한다.

낸다. 거기에 좁은 국도가 포함될 확률은 매우 낮으므로 일단 국도는 배제하고 본다. 그러고 나면 목적지에 도착하기 위해 거쳐야 할 주요 고속도로만 남는다.

이 과정을 뉴욕~시카고 구간에 적용하면 어떻게 될까? 먼저 뉴욕의 출발지에서 가장 가까운 고속도로를 찾는다. 양방향 알고리듬인 만큼 시카고의 도착지에서 가장 가까운 고속도로도 거의 동시에 검색한다. 그런 다음 그래프상에서 두 도로를 이을 수 없는 고속도로를 검색 대상에서 전부 제외한 뒤 최적의 경로를 찾아낸다. 이렇듯 좌표를 이용한 주행 거리 추산이나 교통량을 근거로 주요 도로를 검색하는 기법을 활용하면 엄청나게 멀리 떨어진 두 지점을 잇는 최단 경로를 금세 찾아낼 수 있다.

구글이 위키백과를 신뢰하는 이유

:

우리는 하루가 멀다 하고 온갖 그래프를 접한다. 앞서 확인했듯 구글 지도 또한 그래프이론에 기초하고 있다. 그런데 구글은 길 찾기 이외의 다른 용도로도 그래프를 활용한다. 구글링을 할 때마다 그래프가 동원되는 것이다. 검색창에 단어를 치고 엔터를 누르면 다양한 링크들이 뜬다. 그 링크들은 구글이 거대한 인터넷 숲을 '산책'하며 찾아낸 결과물이다. 그 덕분에 구글을 비롯한 여러 검색엔진의 성능이 확연히 개선되었다는 점은 책의 첫머리에서도 밝힌 바 있다. 구글이 등장하기 전의 검색엔진들은 인터넷에서 자신의 링크조차 찾아내지 못하는 경우가 있었다!

수학은 구글 창업자들이 주요 웹사이트를 필터링하고 정렬하는 방법을 모색하는 자리에도 빠지지 않았다. 세르게이 브린과 래리 페이지는 인터넷이 링크라는 매개체를 통해 다양한 웹사이트로 가는 길을 안내하는 거대한 이정표라고 생각했다. 예컨대 위키백과의 페이지를 열면 그 안에 포함된 링크를 타고 다양한 웹사이트로 이동할 수 있다. 그런 산책을 몇 번 거듭하다 보면 특정 사이트의 접속 빈도가 높아진다. 그 말은 곧 해당 웹사이트의 중요도가 높다는 뜻이 되고, 이에 따라 사용자가 뭔가를 검색할 때마다 다른 사이트보다 더 위쪽에 표시된다. 구글은 인터넷이라는 밀림을 쉴 새 없이 누비며 사용자들이 자주 찾는 사이트를 포착한다. 예를 들어 '빌 클린턴'으로 검색했을 때 클린턴에 관한 케케묵은 정보와 오래된 사진이 포함된 이름 없는 웹사이트보다는 위키백과 페이지의 조회 수가 훨씬 많다는 사실을 체크하는 식이다.

그 과정에서 구글도 당연히 수학을 활용한다. 우리로서는 환영할 만한 일이다. 그래야 구글이 쓸모 있는 정보가 포함된 웹사이트에 가중치를 부여할 가능성이 높기 때문이다. 아무 생각 없이 인터넷 서핑을 하다 보면, 터무니없는 음모론을 제기하는 식의 해괴한 사이트에서 무의미한 글을 읽느라 시간을 허비할 때가 많다. 음모론을 전파하는 웹사이트들끼리 링크로 연결된 경우도 많다. 그러나 링크된 웹페이지가 여러 개라고 해서 그 사이트의 정보력이 뛰어나다는 보장은 없다. 오히려 위키백과보다 신뢰도가 떨어지는 경우도 있다.

그런데 구글 검색 알고리듬이 허튼소리와 신빙성 있는 정보를 판별하기 위해 아무리 열심히 계산을 해도, 이상한 사이트를 클릭하는 사용자가 많으면 그 노력은 헛수고가 되고 만다. 공허한 음모론을 널리 유포하기 위해 갖은 노력을 쏟아붓는 이들이 적지 않은 것도 그 때문이다. 다행히 구글은 허튼소리와 신빙성 높은 정보를 판별하는 장치를 추가했으며, 이로써 사용자들은 음모론 사이트보다 믿을 만한 정보를 제공하는 사이트를 더 많이 클릭할 수 있게 되었다. 구글이 더 정확한 뉴스가 실린 사이트들을 검색 결과의 상단에 둔다는 사실은 최근 어느 연구를 통해서도 입증되었다. 연구의 진행 과정은 다음과 같았다.

〈그림 6〉이 인터넷이라는 정보의 바다를 단순화한 그래프라고 가정해보자. 원 안의 알파벳은 웹사이트를 뜻한다. 여기서 B가 공신력 있는 정보 제공자이자 다른 웹사이트들에도 자주 링크된 사이트, 예컨대 위키백과라고 치자. 원 안의 숫자들은 구글이 바라본 각 웹사이트의 중요도다. 수치가 높을수록 중요도가 높다는 뜻이다. 중요도가 낮은 사이트들은 믿고 거르는, 이름 정도만 알아도 괜찮은 사이트들이다. 적어도 구글은 그렇게 본다는 뜻이다.

구글은 실제 사용자의 인터넷 서핑을 가정하고 각각의 수치들을 산출한다. 링크를 타고(그래프의 화살표) 이 사이트에서 저 사이트로 점프하는 식이다. 예를 들어 지금 내가 I라는 사이트를 보고 있는데, 더는 얻을 정보가 없다 싶어 사이트 E로 이동한다. 그런 다음 E에서 F

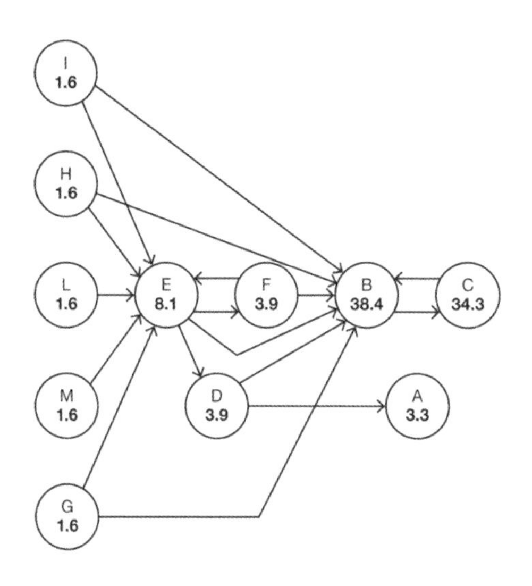

그림 6. 구글의 관점에서 바라본 인터넷 세계의 구조도

를 지나 B로 간다. 그런데 〈그림 6〉에서 A를 제외한 모든 사이트는 B(위키백과)로 이어져 있다. 인터넷 세계에서 위키백과의 위상이 그만큼 높다는 뜻이다. 검색을 자주 해본 사람들은 알겠지만 위키백과의 페이지를 클릭할 때가 아주 많은데, 그래야 할 이유는 충분한 듯하다.

한편 위키백과에도 링크가 하나 걸려 있다. C로 가는 링크다. C에 가면 관련 정보를 많이 확인할 수 있다. C는 B(위키백과)와 연결되어 있기 때문에 단 하나의 웹사이트와 연계되었는데도 높은 점수를 받는다. 똑같이 하나의 웹사이트와 연결됐지만 점수가 낮은 D와 비교하면 C의 중요도가 훨씬 높다는 것을 알 수 있다. 즉 연계된 링크의 개수도 중요하지만, 각 사이트의 자체 정보력도 중요도를 판단하는

데 큰 영향을 끼친다.

구체적인 사례를 하나 들어보겠다. 두 사이트 중 어디에서 정보를 확인할지 결정해야 하는 상황이다. 하나는 9·11 테러에 관한 정보가 담긴 위키백과 페이지고, 다른 하나는 그날의 끔찍한 참상 뒤에 숨은 음모론을 제기하는 사이트다. 구글의 검색 알고리듬은 두 웹페이지에 걸려 있는 링크의 수부터 확인한다. 위키백과에는 으레 무수히 많은 링크가 걸려 있다. 그러나 자신들의 웹사이트에 더 많은 링크를 걸기 위해 거금을 쾌척하는 음모론자의 수도 만만치 않다. 개미 한 마리 얼씬거리지 않는 웹사이트들이 음모론 사이트 링크를 많이 보유하는 이유도 모두 음모론 광신자들이 투자한 돈과 시간 때문이라고 보면 된다. 앞서 언급했듯 걸려 있는 링크의 수가 비슷하다 해서 위키백과의 공신력이 떨어지지는 않는다. 누리꾼들은 정확한 정보를 얻고 싶어 하지, 돈으로 덕지덕지 도배한 정보에 시간을 낭비하고 싶어 하지 않는다. 구글은 특정 링크를 걸어놓은 웹사이트의 중요도를 저장함으로써 자금력이 검색 결과 순위에 영향을 끼치는 사태를 어느 정도 방지한다. 예컨대 BBC는 절대 돈을 받고 음모론 사이트에 링크를 걸어주지 않는다. 그러면 구글은 돈을 받고 음모론 사이트 링크를 걸어주는 사이트보다 BBC 홈페이지에 훨씬 높은 가중치를 준다.

그런데 사용자들은 링크를 통해서만 인터넷 서핑을 하는 게 아니다. 링크를 타고 50개의 웹사이트를 방문하는 사용자는 사실 많지 않다. 때로는 주소창에 직접 입력해서 원하는 사이트로 바로 넘어간다.

자주 이용하고 인기도 높은 웹사이트에 번번이 링크를 타고 들어가기는 너무 귀찮기 때문이다. 구글 또한 링크를 통하는 방식이 아닌 다른 방식을 활용한다. 즉 구글 프로그램이 계산을 통해 특정 웹사이트로 곧장 넘어가기도 한다. 구글 알고리듬은 사용자들이 C에서 E로 곧장 이동하는 경우도 감안해 연산을 실행한다. 예컨대 친구가 새 포스팅을 올렸는지 알아보고자 10개쯤 되는 중간 단계를 건너뛰고 주소창에 페이스북 주소를 직접 적어 넣는 경우도 고려한다.

구글은 사용자들이 특정 사이트로 이동할 때까지 거쳐야 하는 총 링크 수를 대략 6개쯤으로 추산했다. URL 주소를 입력한 뒤 원하는 사이트로 이동하기 위해 약 5개의 링크를 더 클릭해야 한다는 뜻이 아니다. 그보다는 구글 알고리듬이 많은 이들이 선호하는 웹사이트에 높은 가중치를 두어, 검색과 클릭의 결과물이 사용자들의 요구에 더 부합하게끔 위와 같은 연산을 한다고 보면 된다.

각 사이트에 점수를 부여하는 과정도 결국 조금 큰 퍼즐을 맞추는 게임이기 때문에 아주 복잡하지는 않다. 숫자, 즉 점수라는 조각들을 조합하여 거대한 퍼즐을 완성하는 것이다. 〈그림 6〉에서 어느 사용자가 B를 거쳐 C 사이트로 갔다고 해보자. 그러면 C는 높은 점수를 받는다. 그런 다음 B로 돌아오면 B의 점수도 높아진다. B를 거쳐 도달한 사이트의 점수가 벌써 높아졌으므로, B로 되돌아올 때 B의 점수도 높아지는 식이다. 이런 과정은 끊임없이 이어지지만, 그 값이 무한대로 커지지는 않는다. 어느 시점부터는 더 이상 가중치를 주지 않는다. 실제로 구글은 검색 결과로 제시된 웹사이트의 방문 횟수에 제한을 둔다. 최대 50회까지만 점수를 주고 그 뒤로는 추가하지 않는다. B와 C 사이를 아무리 많이 오가도 50회부터는 1점도 얻을 수 없는 것이다.

넷플릭스도 비슷한 방식으로 고객들에게 새로운 영화나 시리즈물을 추천한다. 모르긴 해도 넷플릭스의 알고리듬 또한 그래프이론에 바탕을 두고 있을 것이다. 이용자가 추천 목록에 포함된 영화를 보면 넷플릭스는 그 결과를 그래프로 만들어 목록을 갱신한다. 물론 이용자가 추천 목록에 없는 영화를 선택할 때도 있다. 포스터에 마음이 끌려서 또는 특정 영화에 열광한 친구 때문에 새로운 영화나 드라마를 시청하기도 한다. 넷플릭스는 그 모든 과정을 추적해 이용자들의 취향을 감지하고 특정 장르물을 선호하는 이들을 해당 그룹에 추가한 뒤 추천 목록을 작성한다. 이 작업 뒤에 숨은 원리도 구글과 비슷하다.

수학적 관점에서 볼 때 넷플릭스와 구글은 차이가 거의 없다. 넷플릭스 알고리듬은 이용자들의 시청 습관을 추적한다. 여기에는 나와 같은 영화를 감상한 사람들이 많이 본 영화를 나도 좋아할 것이라는 전제가 깔려 있다. 구글이 주요 사이트에 더 많이 링크된 웹페이지에 더 높은 점수를 주는 것과 비슷한 원리다. 내가 재미있게 본 영화와 비슷한 영화가 내 취향을 저격할 확률은 분명 높다. 그러나 이용자들은 그저 호기심에 이끌려 자신의 취향과 전혀 다른 장르에 도전하기도 한다. 이 경우 넷플릭스 알고리듬이 수학적 계산을 통해 그려낸 그래프의 라인이 달라진다. 지금까지와는 완전히 다른 위치에 점이 하나 찍히고, 이에 따라 넷플릭스는 평소 내가 자주 보던 영화나 드라마 대신에 아예 다른 장르의 영상을 추천한다.

항암치료 성공률을 높이는 법

:

그래프에 열광하는 분야가 IT 업계에 국한된 건 아니다. 병원에서도 맞춤형 암 치료법을 찾아낼 때 그래프를 적극 활용한다. 효과적인 암 치료법은 타고난 체질이나 유전형질에 따라 달라지는데, 다행히 구글이나 넷플릭스와 동일한 연산법으로 그 편차를 제법 정확하게 예측할 수 있다. 그 연산법을 도입하기 전까지 암 진단과 판단의 정확도는 60%밖에 되지 않았다. 그러나 그래프이론을 이용한 연산법을 도입한 초기(2012년)에 벌써 정확도가 72%까지 높아졌다. 환자들에게는 무척 유의미한 발전이다. 의미 없는 치료에 거금을, 어쩌면 돈보다 더 값진 시간을 날릴 위험이 그만큼 적어졌기 때문이다.

그렇다면 예전에는 어떻게 최적의 치료법을 찾아냈을까? 과거 학자들은 특정 유전자 집단을 관찰하고 연구했으며, 지금도 이와 비슷한 방식을 따르고 있기는 하다. 그런데 수학적 연산법을 도입하기 전까지는 학자들이 전부 무작위로 유전자집단을 골랐다. 당연히 저마다 선택하는 집단이 달랐고 그 때문에 각자 전혀 다른 유전자 연구에 몰두할 때가 많았다. 아무도 어느 유전자가 관건인지는 몰랐다. 더구나 학자별로 연구하는 유전자의 수가 엄청나게 많았기 때문에 전체적인 그림을 한눈에 파악하기란 더더욱 불가능했다. 그뿐만이 아니다. 학자들은 치료로 인해 변이를 일으키는 유전자를 찾아내고 싶어 했는데, 유전자 중에는 스스로 변이를 일으키지 않으면서 다른 유전자의 변이를 불러오는 것도 있었다. 그러다 보니 연구 가치가 높은 유전자를 놓치기 일쑤였다. 결정적 유전자, 즉 특정 치료법 덕분에 상당한 변이를 일으키는 유전자를 찾기란 그야말로 하늘의 별 따기였다.

왠지 친숙한 느낌이 들지 않는가? 정보의 홍수 속에서 유용한 정보와 무의미한 정보를 구분해본 사람이라면 내 말뜻을 금방 포착했을 것이다. 인터넷 시대를 살아가는 이상 누구나 그런 상황을 겪는다. 의학자들이 유전자 연구 분야에 수학을 활용하자는 아이디어를 낸 이유도 그 때문이다. 치료법마다 다른 유전자 변이 행태를 그래프로 정리해 표적 치료에 활용하자는 것이었다. 그렇게 하면 유전자의 변이 행태나 어떤 유전자가 상호작용을 일으키는지 등을 밝힐 수 있다. 학자들은 그 데이터들, 즉 실험 결과들을 그래프로 작성한 뒤 2개의 원(유전자 집단들) 사이에 선을 하나 그었다. 이로써 특정 유전자가 다른 유전자에 미치는 영향의 강도를 예측할 수 있게 되었다.

그런데 유전자 실험 알고리듬은 구글이나 넷플릭스의 알고리듬과 약간 차이가 있다. 환자마다 출발 지점이 다른 것이다. 유전자 변이 강도에 따른 환자의 생존율을 정확히 판단하려면 수차례의 실험을 거쳐야 한다. 그래야 비로소 각 환자의 출발값을 알 수 있다. 거듭된 실험 끝에 발현 강도가 아주 높은 유전자를 발견했다면 그 유전자를 이용해 항암 치료의 성공률을 높일 수 있다. 그랬을 때 해당 유전자의 출발값은 높아진다. 의료진은 해당 유전자의 변화 과정을 세심히 분석한다. 나머지 과정은 구글이나 넷플릭스 알고리듬과 거의 같다. 유전자들의 상호작용, 즉 해당 유전자가 다른 유전자에 일으키는 변이를 그래프로 나타내는 것이다.

그렇게 연산을 거듭하고 그때마다 새로운 값을 추출하다 보면 환자의 생존율이나 특정 치료법의 효과를 판단할 때 결정적인 열쇠가 되는 한 쌍의 DNA가 나온다. 변이 강도가 높은 유전자 데이터 및 해당 유전자와 다른 유전자 사이의 반응을 수학적으로 분석하고, 항암 치료에 직간접으로 영향을 끼치는 유전자 쌍을 추출해내는 것이다. 수학은 본디 사람의 생명을 구하기 위해 탄생한 학문은 아니지만 어느덧 생명 연장의 꿈을 실현시킬 도구로 발돋움했다!

페이스북은 알고 있다, 당신이 곧 만나게 될 사람을!

:

페이스북도 그래프이론의 대표적인 수혜자다. 정보를 분류하기 위해서라기보다 '페친', 즉 페이스북 친구를 제안하기 위해 그래프를 활용한다. 누가 누구와 페친을 맺고 있는지 손바닥 보듯 훤히 들여다보면서 거대한 그래프를 그려낸다. 이른바 '페친 지도'다.

페이스북은 내 이동 경로를 나타낸 그래프를 통해 페친들 중 누가 오프라인에서 나와 마주칠 확률이 높은지도 예측할 수 있다. 예컨대 나와 페친이 여럿 겹치는 페북 회원이 있다면, 언젠가 오프라인 페스티벌 같은 곳에서 그 사람과 내가 실제로 만날 가능성도 높아진다. 내 페친의 페친들을 자신의 페친으로 등록해놓은 회원이 있는 경우도 마찬가지다. 솔직히 후자가 더 복잡하긴 하지만, 그렇다고 넘을 수 없는 산은 아니다. 나와 약 20명의 페친이 겹치는 어떤 회원이 있다고 해보자. 공통의 페친들 중 누군가 나를 자기 페친의 페북 페이지로 이끌 가능성, 다시 말해 그 친구가 자신도 모르는 사이에 나와 미지의 어떤 인물을 이어주는 중매쟁이가 될 가능성이 적지 않다. 이런 방식으로 페이스북은 내 페친이 누군지 알 뿐 아니라 누가 나중에 나와 페친을 맺을지도 예측할 수 있다.

이쯤 되면 공포심마저 든다. 왠지 모를 거부감도 발동한다. 내가 언제 누구와 통화하는지, 어떤 사이트들을 방문하는지 누가 훤히 들여다본다고 상상하면 온몸에 소름이 돋는다. 페이스북이 회원들의 정보를 수집하고, 그렇게 수집한 방대한 데이터를 끊임없이 분석한다는 건 공공연한 비밀이다. 심지어 계정이 없는 사람들의 데이터까지 분석한다. 다만 페이스북이 데이터를 분석하는 방식은 구글이 검색 결과를 정렬하는 방식과는 다르다. 페이스북은 이른바 뉴럴 네트워크neural network, 즉 '인공신경망'이라는 방식을 활용한다. 이름에서 짐작할 수 있듯 핵심어는 '인공지능'이다. 개인 맞춤형 광고를 생성할 때도 인공지능을 동원한다. 페이스북은 예컨대 '180일 안에 마쓰다 차량을 구입할 가능성이 있는 사람들' 등으로 타깃 집단을 분류한다.

페이스북은 어떻게 사용자 자신도 모르는 미래를 점치고 그들의 마음을 읽을 수 있을까? 비밀은 바로 엄청난 양의 데이터와 인공신경망의 결합에 있다. 그 두 가지가 만나면 그래프 속 어느 지점이 중요한 포인트인지 알 수 있고, 심지어 우리 뇌의 구조를 재구성하는 것도 가능하다.

〈그림 7〉의 원들은 신호를 전달하는 신경망, 즉 뉴런들이 서로 연결된 곳을 가리킨다. 이 원들은 각각 지닌 값을 화살표로 연결된 원들로 전송한다. 한쪽에서 입력된 정보를 전송하면 다른 쪽에서 예측값을 산출해낸다. 예컨대 왼쪽 원 중 하나에 내 정보를 입력할 경우 페이스북은 나를 어느 광고의 타깃 집단에 배정하는 게 최적일지를 분석한다. 다만 이 도식은 고정된 게 아니라서 반드시 최적값을 입력할 필요가 없다. 도식은 역동적으로 작동하기 때문에 처음 입력한 값과 전혀 다른 결과가 도출될 가능성도 늘 열려 있다.

인공신경망을 대략적으로 표현하면 〈그림 7〉과 같다. 얼핏 흔히 보는 도식과 별로 다를 게 없는 듯하다. 하지만 이 도식의 원들은 위치에 따라 서로 다른 기능을 한다. 왼쪽의 원들은 '투입input'에 해당한다. 우리 뇌로 치자면 어떤 사람의 얼굴 이미지 정보가 입력되는 부분이다. 단, 모든 정보는 이진법에 따라 0과 1로 전환되어 입력된다. '중간층hidden layer'에 놓인 원들은 투입된 수치, 즉 정보를 처리한다. 중간 열에서 수치가 바뀌는 것이다. 그림 속 화살표들이 왼편에서 건너온 수치들을 전부 반으로 줄이라는 명령을 뜻할 경우, 투입열의 맨 위쪽 원이 1이라는 수치를 전송하면 중간층의 맨 위쪽 원은

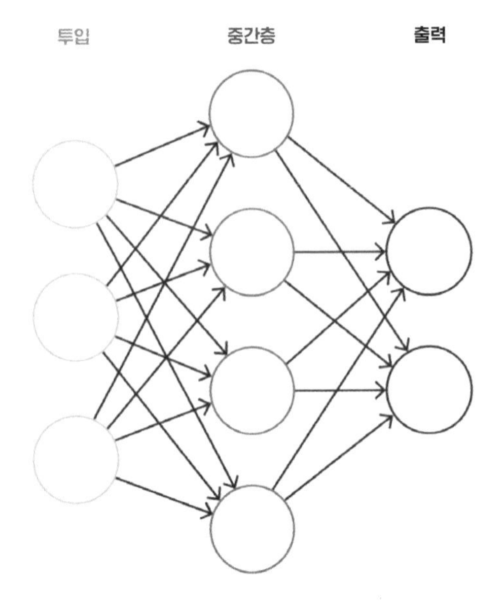

그림 7. 인공신경망 도식

그 수치를 0.5로 줄인다. 이는 뉴런과 뉴런을 연결하는 신경세포들과 비슷한 원리로, 여기에서는 입력된 수치들을 화살표가 조정한다고 보면 된다. 그런데 신경세포들의 조정 비율이 항상 똑같지는 않다. 뉴런들의 상호작용에서 더 강한 영향력을 발휘하는 경우도 있고 영향력이 미미한 경우도 있기 때문이다. 인간의 뇌 기능을 그대로 본뜬 인공신경망 또한 그래프를 이용해 영향력의 강도를 조절한다.

〈그림 7〉에서는 중간층이 하나의 열뿐이지만 실제로는 그보다 훨씬 많을 수 있다. 여러 중간 기착지를 거친 투입값은 화살표를 따라 한 칸씩 이동할 때마다 값이 달라지다가 마지막에는 '출력output' 열의 원들에 도달한다. 만약 왼쪽 열에 입력된 정보가 어떤 이의 얼굴

이미지였다면, 오른쪽 열의 원에는 얼굴의 주인공이 여자인지 남자인지 묻는 질문이 담겨 있을 것이다. 분석 결과 남자라는 확신이 든다면 컴퓨터는 남자인 쪽에 1, 여자인 쪽에 0이라는 값을 매긴다. 컴퓨터가 투입값을 왜 그렇게 분석했는지, 다시 말해 어떤 과정을 거쳐 그 얼굴이 남자라는 확신을 얻었는지는 알 수 없을 때가 많다. 컴퓨터 스스로 중간 과정을 창출해내기 때문에 분석의 근거를 알기 어려운 것이다.

머신 러닝machine learning에서는 그러한 작업을 학습 단계training phase라고 한다. 작업의 첫 단계인 학습 단계에서 컴퓨터는 성별이 확실한 수많은 사진을 분석하며 문제 해결 능력을 높인다. 시행착오를 거쳐 실력을 업그레이드하는 셈이다. 그러면서 원과 원을 연결하는 화살표들에 내릴 명령, 즉 처리 배율을 끊임없이 바꾼다. 예를 들어 투입에 해당하는 왼쪽 맨 위의 원이 '머리 길이'에 관한 정보라고 가정할 때, 연산을 시작하는 시점에는 원 안에 어떤 수치가 들어 있든 아무 상관이 없다. 그리고 그 수치들이 무의미하기 때문에 원에서 뻗어나간 화살표들이 처리할 배율도 낮다. 그렇지만 학습 단계가 길어질수록 머리 길이를 뜻하는 왼쪽 원과 연결된 원들에서 나가는 화살표들이 처리해야 할 배율은 점점 높아진다.

따라서 출력에 도달할 때까지는 엄청난 양의 데이터를 처리해야 한다. 예컨대 주어진 과제가 '사진으로 성별 인식하기'인 경우, 성별이 이미 알려진 수많은 사진으로 연습을 거듭해야 한다. 이때 컴퓨터가 따르는 방식은 그야말로 맨땅에 헤딩하기에 가깝다. 아는 게 없는 상태에서 무작위로 아무 사진이나 고르는 것이다. 처음엔 아무 것도 모르니 사진을 보고 오답을 말할 확률이 높다. 하지만 두 번째, 세 번째…… 사진으로 옮겨갈수록 컴퓨터는 자신의 답이 정답인지 오답인지를 일일이 확인하며 정답률을 높여간다. 그 과정을 충분히 되풀이하면 언젠가는 어떤 사진을 제시해도 거의 매번 정답을 알아 맞히는 경지에 도달한다.

컴퓨터는 이 학습법으로 세계 최고의 실력을 자랑하는 바둑 기사도 물리쳤다. 바둑은 컴퓨터가 정복하기에는 벽이 너무 높은 보드게임이라는 인식이 오랫동안 만연했지만, 컴퓨터는 그 편견을 비웃기라도 하듯 가볍게 벽을 뛰어넘어버렸다. 인공지능 컴퓨터는 방대한 양의 데이터와 그래프를 활용하며 수백만 번이 넘는 자신과의 대국으로 실력을 다졌다. 한 판을 둘 때마다 당연히 승자가 나왔고 이를 바탕으로 컴퓨터는 그래프의 구조를 조정했다. 처음엔 기본적인 게임 규칙을 배웠고 나중에는 승리 방정식을 익혔다. 지금은 현직 세계 챔피언을 사흘 만에 제압할 만큼 실력이 발전했다.

페이스북의 원리도 비슷하다. 이와 같은 방식으로 내가 조만간 마쓰다 차 한 대를 뽑을지 여부를 판별한다. 각국의 첩보기관들은 이 기술을 통해 잠재적 범죄자나 테러리스트를 색출하기도 한다. 그런가 하면 중국은 사회신용제도Social Credit System라는 것을 도입했다. 국민들의 행동양식을 파악해 한 명 한 명에게 점수를 부여하는 시스템이다. 이처럼 공포를 자아내는 응용프로그램을 얼마든지 만들어 낼 수 있다고 생각하면 덜컥 겁이 난다. 컴퓨터가 내 사진만 보고도 성적 취향을 분석해낸다면 어떤 기분이 들까? 아직은 해당 기술이 완벽하게 다듬어지지 않았지만 결코 불가능의 영역은 아니다. 게다가 악용될 소지가 다분하기 때문에 더더욱 걱정스러울 따름이다.

케임브리지 애널리티카 스캔들을 기억하는 사람이 있을지 모르겠다. 영국의 데이터 분석 회사인 케임브리지 애널리티카는 유권자들의 선호도를 분석한다는 명목 아래 페이스북 회원들의 정보를 무단으로 활용했다. 특정 '색깔'을 지닌 사람들에게 어떤 메시지가 통하는지를 분석하기도 했다. 쉽게 말해 트럼프를 찍게 만들 전략을 연구할 목적으로 페이스북 회원들의 정보를 빼돌린 것이다. 그 분석 결과가 당시 미국 대선에 얼마나 영향을 끼쳤는지를 수치로 입증할 수는 없지만 큰 파장을 일으킨 스캔들임은 틀림없다. 케임브리지 애널리티카는 도널드 트럼프와 테드 크루즈의 당내 경선에도 개입했다. 케임브리지 애널리티카의 개입이 어떤 효과를 발휘했는지는 아마 영영 밝혀내지 못할 것이다. 그러나 케임브리지 애널리티카가 수많은 페이스북 회원들의 정보를 빼돌렸고, 그 데이터로 모종의 공작을 펼쳤을 확률은 매우 높다. 그게 어떻게 가능했느냐고? 당연히 그래프이론 덕분이지!

확증편향을 일으키는 필터 버블

:

현대인들은 거의 매 순간 그래프를 접한다고 해도 과언이 아니다.

통계수치만큼 직접적으로 마주칠 때는 많지 않지만, 알게 모르게 만나는 그래프의 수는 엄청나게 많다. 물론 내비게이션이나 구글, 넷플릭스 등을 이용하기 위해 우리가 직접 그래프이론에 통달해야 할 필요는 없다. 미적분을 몰라도 딱히 불편하지 않듯 그래프이론을 몰라도 사는 데 큰 지장은 없다. 그럼에도 그래프이론을 조금은 알아야 할 필요가 있다고 본다. 그래프를 활용하는 방식이나 분야가 우리 삶을 크게 좌우하기 때문이다. 따라서 그래프이론이 어떤 분야에 어떤 식으로 활용되는지 알아둬서 손해 볼 일은 없다.

이 장 초반부에 벌써 한 가지 사례를 소개했다. 구글맵스도 목적지로 가는 최단 경로를 산출할 때 그래프이론을 활용한다. 하지만 그런 프로그램 속 그래프이론은 몰라도 그만이다. 모른다고 해서 삶의 질이 단숨에 곤두박질치지는 않는다. 물론 그런 응용프로그램이 우리의 노동을 절약해주기는 한다. 길을 찾느라 눈에 불을 켜고 종이 지도를 들춰보는 불편을 덜어주니 말이다. 쓸데없는 질문으로 사용자를 귀찮게 하는 일도 없다. 기껏해야 "우리 앱에 만족하십니까?" 정도의 질문을 던질 뿐이다. 그 프로그램들도 문명의 이기라고 할 수 있으며 잘 이용해서 나쁠 건 없다. 한 지점에서 다른 지점으로 이동할 때 일부러 긴 시간을 허비하고 싶은 사람은 거의 없다. 그래프이론이라는 요술 방망이가 최단 경로나 최소 환승 경로 등을 알아서 찾아주니 그저 고맙게 잘 쓰기만 하면 된다. 이용자가 그 뒤에 숨은 각종 이론까지 세세히 알 필요는 없다.

그렇지만 구글, 페이스북을 비롯한 IT 업체나 특정 기관이 그래프이론을 적극 활용해 정보를 분류하고 인공신경망을 통해 나를 특정 집단으로 분류하고 있다는 사실을 떠올려보라. 그런데도 그래프이론과 담 쌓고 살아도 될까? 만약 어느 정보기관에서 내 허락도 없이 개인정보를 우수수 빼가고 있다면 어떻게 대처해야 좋을까? 그놈들은 대체 어디까지 알고 있을까? 그들이 파악한 내 개인정보 중 어디까지가 사람이 직접 추적한 것이고, 어디부터가 컴퓨터가 자동으로 알아낸 것일까? 그렇다. 이 질문들에 대한 답변은 그래프이론을 아는 자만이 찾아낼 수 있다!

그래프이론을 알아야 제대로 된 자신의 의견을 지닐 수 있는 경우는 이외에도 아주 많다. 흠, 이번에도 예를 들어 설명해보겠다. 구글이나 페이스북은 이용자들이 필터 버블filter bubble, 즉 확증편향에 빠지게끔 설계되어 있다. 이용자는 자신의 관심사와 일치하는 맞춤형 정보, 필터링된 정보만 접하며 버블에 갇힌다. 거기에서 헤어나기란 여간 힘든 일이 아니다.

그런데 구글과 페이스북은 왜 그런 단점을 개선하지 못할까? 나와 관심 분야는 같더라도 성향이 다른 글도 많을 텐데 그것들은 왜 내게 전달되지 않는 걸까? 왜 이에 대해 이용자들이 적극적으로 항의할 수 없게 되어 있을까? 그 까닭은 바로 수학이 그렇게 돌아가지 않기 때문이다. 구글과 페이스북이 쓰는 알고리듬은 그때그때 180도 다른 방향으로 꺾을 수 있는 게 아니다. 구글의 검색 알고리듬이나 페이스북의 피드 알고리듬이 각 회원의 관심사에 초점을 맞춘 것은 사실이다. 하지만 그 알고리듬들이 링크 정렬 방식이나 포스팅 내용을 하루아침에 완전히 뒤집지는 못한다.

구글과 페이스북은 이용자가 가장 즐겨 찾던 정보에 가장 먼저 접근할 수 있게 설계되어 있다. 내가 찾고 싶은 것과 가장 일치하는 정보에 우선순위를 부여하는 것이다. 넷플릭스가 내 취향은 전혀 아니지만 내가 환호할 만한 영화를 좀체 추천하지 않는 것처럼, 구글도 내가 자주 입력하는 검색어와 아예 동떨어진 결과물을 들이밀지는 않는다. 가짜 뉴스를 걸러내는 작업도 말이 쉽지 실제로는 훨씬 복잡하다. 수학 공식이나 연산 과정이 어떤 사이트에 올라온 게시물들을 볼 수 없기 때문이다. 그 분야에 관한 연구가 집중적으로 이뤄지고 있긴 하지만 손바닥 뒤집듯 간단한 일은 아니다. 지금의 수학 수준은 이를 따라잡기에 아직 미진한 부분이 많다.

가짜 뉴스나 개인정보 보호, 인공지능이 초래할 미래에 대한 우려는 이제 사회적 담론이 되었다. 그 모든 주제는 그래프이론의 능력 범위 또는 한계와 관련이 있다. 그렇기 때문에 그래프이론을 알아야 할 필요성이 커졌다. 사회적으로 공론화한 주제에 대해 자신의 의견을 갖고 싶다면, 자타 공인 전문가들이 내놓는 해법 중 어떤 것이 실천 가능하고 어떤 것이 불가능한지 조금이라도 판단하고 싶다면 그래프이론이 당신에게 큰 힘이 되어줄 것이다.

8장.

수학은 어떻게 우리를 이롭게 하는가

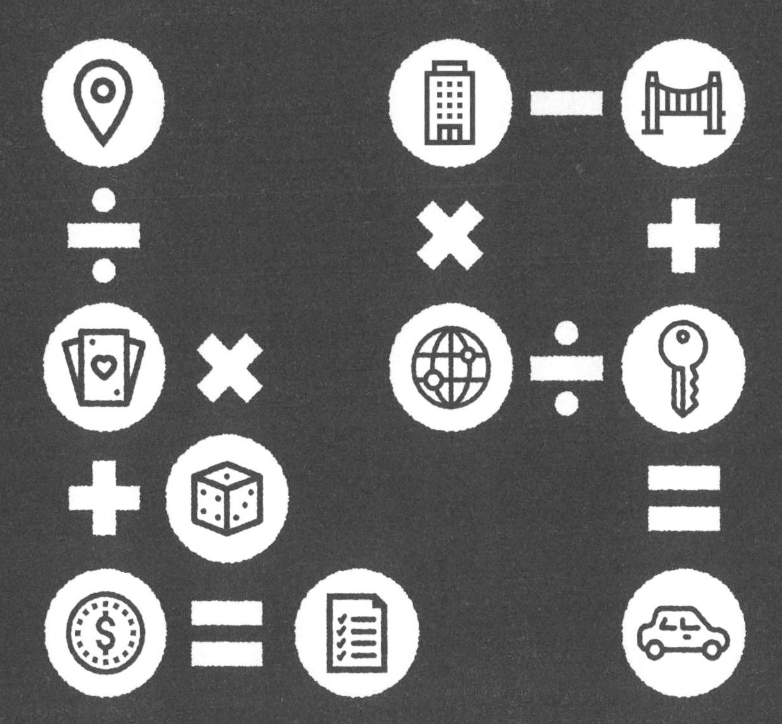

하도 많이 들어서 귀에 딱지가 앉았겠지만, 수학은 극도로 유용한 학문이라는 점을 다시 한번 상기시키고 싶다. 체감할 기회가 많지 않더라도 수학은 우리 일상과 아주 밀접하다. 수학이 이토록 눈부신 활약을 펼칠 수 있는 이유는 무엇일까? 2장에서도 던졌던 질문이다. 다만 2장에서는 수학을 어떤 학문으로 이해하는지는 중요치 않다는 점을 강조했다. 플라톤의 동굴 비유처럼 수학을 눈에 보이지는 않지만 실재하는 추상적 세계로 이해하든, 셜록 홈스 이야기처럼 애초에 존재하지도 않는 허구 세계라고 생각하든, 수학의 효용을 금세 눈으로 확인할 수 있기 때문이다.

그런데 실생활과 거리가 멀어 보이는 수학이 어떻게 우리 삶과 현실에 이렇게나 큰 영향을 끼칠 수 있을까?

수학의 위력이 궁금하다면 최대한 쉬운 분야부터 접근하는 게 좋다. 우선 숫자가 우리 삶을 어떤 식으로 편리하게 해주는지 생각해 보자. 아주 오래전부터 인류는 정확한 수량을 파악하기 위해 숫자를 활용해왔다. 그게 가능했던 이유는 숫자가 그 목적에 딱 맞는 구조를 지녔기 때문이다. 숫자는 다양한 상황에 활용이 가능하다는 장점이 있다. 양의 정수들의 특징을 한번 살펴볼까? 자, 1부터 숫자를 세어보자. 1에다 1을 더하면 2가 되고, 거기에 다시 1을 더하면 3이 된다. 2는 1과 3의 중간에 있다. 그리고 이렇게 일정한 비율로 상승하는 숫자들은 여러 상황에 적절하게 활용할 수 있다.

이를테면 우리는 무엇을 셀 때 숫자를 이용한다. 숫자들을 바구니라 가정하고 거기에 물건을 하나씩 넣어보자. 1이라는 바구니에 어떤 물건이 하나 들어가고, 바구니 2에도 하나, 바구니 3에도 하나를 넣는다. 숫자라는 바구니에 물건을 하나씩 넣음으로써 빵이나 동전, 산양 등 여러 가지 물건을 구분해 개수를 쉽게 파악할 수 있다.

그러나 그 방법이 항상 통하는 것은 아니다. 예컨대 공사장 한 귀퉁이 왼쪽에 모래 한 삽을 내려둔다. 곧이어 바로 오른쪽에 또 한 삽을 떠둔다. 그러자 오른쪽 더미의 모래가 왼쪽 더미로 약간 쓸려 내려가 뒤섞인다. 그 결과, 완전히 분리된 두 모래 더미 대신 하나도 둘도 아닌 어정쩡한 모양의 큰 모래 더미 하나가 만들어졌다. 모래 더미 하나에 또 하나를 더했는데 여전히 하나가 되고 만 것이다. 그렇다고 1+1=1이라고 말할 수는 없다. 모래 더미에는 우리가 흔히 알고 있는 숫자 체계를 그대로 적용할 수 없다. 모래라는 게 본래 서로 깔끔하게 분리할 수 있는 물질이 아니기 때문이다.

그럴 때는 적절한 단위를 사용하면 된다. 모래나 흙의 경우 리터나 킬로그램으로 양을 잰다. 1킬로그램+1킬로그램=2킬로그램이다. 그러므로 두 모래를 한곳에 합쳐 쌓으면 2킬로그램이 된다. 단위를 사용함으로써 주어진 상황에 맞게 숫자를 활용한 것이다. 이와 같이 대상의 종류나 형태가 무엇인지 알기만 하면 언제든 숫자를 이용해 수량을 쉽게 확인할 수 있다. 숫자는 고정된 구조를 지녔고, 우리를 둘러싼 세계를 구성하는 많은 것들 또한 고정된 구조를 지녔기 때문이다. 그렇다고 숫자로 모든 일을 해낼 수 있다는 뜻은 아니다. 모래더미 사례처럼 숫자만 이용해서는 정확한 수량을 알아내기 힘든 경우도 많다.

본래 질문으로 되돌아가자. 숫자는 어떤 의미에서 유용할까? 숫자는 우리가 속한 세상을 비추는 거울이라고 할 수 있다. 숫자가 유용한 까닭은 우리가 주변 세계의 구조에 집중하게끔 만들고, 여간해서는 눈길이 닿지 않는 미세한 부분까지 들여다보게 해주기 때문이다. 그런 의미에서 수학은 셜록 홈스 이야기와는 차원이 다르다. 물론 허구의 세계에도 현실과 일치하는 부분이 있긴 하다. 셜록 홈스 이야기 속 런던의 모습도 대부분 사실적이어서, 당시 영국의 수도가 어떤 모습이었는지 꽤 많이 엿볼 수 있다. 그러나 거기에는 수학의 두 가지 중대한 특성, 다시 말해 추상성과 보편성이 빠져 있다. 수학은 우리를 둘러싼 보편적 세계를 수량이라는 추상적인 개념으로 분석하는 힘을 지녔지만, 소설은 그렇지 않다.

오류와 편차

:

알면 알수록 수학은 참 멋진 학문이다. 우리가 살아가면서 마주치는 많은 것들과 완벽하게 결합할 수 있기 때문이다. 예를 들어 물건의 개수를 알고 싶을 때도 수학이 필요하다. 그러나 안타깝게도 수학이 세상만사를 명쾌하게 한마디로 정리할 수 있는 건 아니다. 조금 더 복잡한 분야로 들어가면 수학이 안고 있는 문제점들이 발견된다. 사소한 오류들이 발생하는 것이다.

구글 알고리듬은 검색 결과로 제시된 모든 링크가 이용자들에게 도움이 되리라는 가정, 즉 아무도 "대체 이게 뭔 소리야? 누가 이런 헛소리만 늘어놓는 사이트를 보고 싶댔어!"라며 짜증을 내지 않으리라는 가정에서 출발한다. 전파 낭비에 지나지 않는 웹페이지가 검색 결과에 뜨기를 바라는 사람은 없다. 그러나 수학은 뭐가 좋고 나쁜지를 정확하게 구분하지 못한다. 이용자가 실수로 링크를 잘못 눌러 쓸모없는 웹페이지로 이동했다 해도 구글은 묵묵히 그 사이트에 가점을 줄 뿐이다. 페이스북의 그래프이론도 누가 누구와 진짜 친구인지 알지 못한다. 재미 삼아서 또는 심심해서 페친으로 등록했는지, 아니면 그 사람이 진짜 친구인지를 분간하지 못하는 것이다. 수학적 관점에서 보면 페이스북 세계의 페친들은 모두 다 진짜 친구다.

또한 수학은 주어진 상황을 단순화하려는 성질이 있어서 늘 완벽한 답을 주지는 못한다. 물리학에 자주 등장하는 문제 하나를 풀어보자. 누가 성 위에서 대포를 쏜다. 그러면 대포알은 어디까지 날아갈까? 이 문제를 풀려면 제곱근을 동원해야 한다. 그렇게 계산해서 약 100미터라는 답이 나왔다고 치자. 그러나 수학은 대포알이 앞쪽으로 날아갈지 뒤쪽으로 날아갈지에 대한 감이 전혀 없다. 대포를 쏘면 대포알이 언제나 앞쪽으로 날아가 특정 지점을 타격한다는 것을 알지 못한다. 이 상태에서는 100미터라는 답변이 아무 소용이 없다. 심지어 오답이라고 주장해도 될 정도다.

숫자만 놓고 보면 수학처럼 우리 삶에 도움이 되는 학문도 없다. 앞서 말했지만 숫자가 우리를 둘러싼 세계, 일상의 상황과 짜 맞춘 것처럼 완벽하게 들어맞기 때문이다. 숫자를 이용해 수량을 파악하는 작업은 대개 아주 간단하다. 파악해야 할 대상의 특성이나 형질에만 주의하면 된다. 그러나 문제가 복잡해지고 편차가 발생하면 현실과 완벽하게 일치하지 않는 답이 나올 수 있다. 물론 그 경우에도 일치하는 부분이 더 많다. 따라서 '그럼에도 불구하고' 수학은 도움이 되는 학문이다. 예컨대 수학은 대포알이 어느 방향으로 날아가는지 모르지만 우리는 알고 있다. 그런 상황이라면 100미터라는 답을 정답이라고 해도 되지 않을까?

어떤 사람에게 수학이 유용한 학문이라는 사실을 납득시키려면, 현실과 수학적 계산이 얼마나 일치해야 할까? 편차를 어디까지 허용해야 현실에 가까운 계산이 가능할까? 아직은 그 경계가 불분명하다. 철학계에서 이 주제를 두고 열띤 토론을 벌이고는 있지만, 내로라하는 그 철학자들이 이른 시일 내에 의견 일치를 볼 리는 만무하다. 지금으로서는 현 상태에 만족하는 편이 더 현명하다. 우리가 자주 놓치는 것들을 되돌아보게 한다는 사실만으로도 수학의 효용성은 웬만큼 입증되었다. 모든 것을 단순화하다 보면 미세한 디테일을 놓칠 수는 있다. 그래도 수학은 유용하다. 디테일보다는 본질을 더 깊이 파고들기 때문이다.

우연의 산물인가, 노력의 열매인가
:

수학의 유용성은 현실과의 일치도에 따라 결정된다고 해도 과언이 아니다. 100%의 일치도는 기대하기 힘들다. 현실과 괴리가 생길 때도 많다. 그러나 수학적 계산이 현실과 발을 맞출 때가 훨씬 많다. 불행 중 다행이다! 어떻게 그런 다행스러운 일이 일어났을까? 어떻게든 실생활에 도움이 되는 학문을 탄생시키고자 피땀 어린 노력을 기울인 수학자들 덕분일까? 수학자들이 중대하다고 여긴 문제들이 무엇인지 살펴보면 정답을 알 수 있을까?

실용적인 연구로 후세에 큰 도움을 준 수학자 아르키메데스의 가장 위대한 업적은 구, 원뿔, 원기둥의 부피를 구하는 공식을 발견한 것이다. 하지만 그 공식은 실용성과 큰 관련이 없다. 원기둥의 부피에서 얼마를 빼야 그 안에 딱 들어맞는 구의 부피를 구하는지 공식으로 알아낸다 한들 실생활과 무슨 관련이 있을까? 정 궁금하면 실제 모형으로 실험해보면 되잖아?

수학자들 중에는 실용성에 관심이 없는 샌님도 많다. 그걸 보면 수학이 이토록 유용한 학문이 된 게 순전한 우연처럼 느껴진다. 하지만 숫자나 도형이 다른 수학 분야에 끼치는 영향을 보면 수학의 유용함이 결코 우연히 생겨난 게 아니라는 확신이 굳어진다. 산술과 기하학은 아주 실용적인 문제에서 출발했다. 3장에서 우리는 점점 더 많은 이들이 모여 살기 시작하면서 행정 당국이 다양한 문제를 해결해야 하는 상황을 접했다. 도시국가들은 세금을 늘리고 식량 재고를 관리하고 미래를 위한 계획을 세우는 데 더욱 효율적인 방법을 모색해야 했고, 그 해결책이 바로 숫자였다.

초기에 숫자의 발달 속도는 그야말로 거북이걸음이었다. 메소포타미아인들은 물표라는 점토 돌을 이용해 교역할 물품의 수량을 파악했다. 아주 간단하면서 실용적인 방법이었다. 현물 대신 자신이 가진 물건의 개수에 해당하는 돌멩이만 챙기면 됐다. 어느 정도 시간이 흐른 뒤에는 점토판이 돌멩이를 대신했다. 한 무더기의 돌멩이보다는 점토판 몇 개가 휴대하기에 더 편했기 때문이다. 결론적으로 인류는 편의 때문에 숫자를 개발하고 활용했다. 우리 조상들이 셈을 하기 시작한 것은 그게 더 편리해서였고 이는 결코 우연이 아니다. 수학은 애초부터 복잡한 문제를 풀고 작업 시간을 단축하기 위해 연구하기 시작한 학문이며, 그렇기에 예나 지금이나 유용한 학문이라 할 수 있다.

그런데 그로부터 수백 년이 흐른 뒤에는 수학이 우연의 산물인지 노력의 열매인지의 구분이 흐려졌다. 다양한 문명권의 수학자들이 실전과 무관한 문제들에 집중했기 때문이다. 그 학자들에게는 난해한 문제를 푸는 작업이 그야말로 평생의 숙원이었고, 실용성보다는 문제를 해결했을 때 누리게 될 명성과 영예가 더 중요했다. 지금이라고 크게 다르진 않다. 요즘 우리가 수학을 대하는 태도를 한번 생각해보라. 말로는 수학을 아무짝에도 쓸모없는 학문이라 폄하하지만 수학 잘하는 사람을 보면 속으로는 부러움을 넘어 존경심마저 들지 않는가? 고대그리스 시절 지어진 사모스섬의 터널을 떠올려보라. 그 터널은 분명 수학적 측량으로 완성한, 인류가 남긴 위대한 유산 중 하나다. 그런데 그 터널을 설계한 사람이 누구였더라? 아마 기억나지 않을 것이다. 위대한 수학자 피타고라스의 이름을 모르는 이는 거의 없지만, 위대한 건축가 에우팔리노스의 이름을 까먹은 독자는 아주 많을 것이다!

수학 실력이 뛰어나면 돈과 부와 명예를 한꺼번에 거머쥘 수 있었는지는 잘 모르겠지만, 이론에 심취한 그리스 수학자들이 발견한 내용도 실용적이었던 것은 확실하다. 피타고라스의정리는 어떤 삼각형이 직각삼각형인지 아닌지를 판단할 때 큰 도움이 된다. 아르키메데스의 연구 중에도 실생활에 곧장 응용할 수 있는 것이 꽤 많다. 미적분이나 확률, 그래프이론처럼 우리가 어렵게 여기는 분야에서도 실용적인 면모를 무수히 발견할 수 있다. 이렇듯 수학의 역사를 면밀히 들여다보면 수학이 어느 날 갑자기 실용적인 학문이 된 게 아니라는 확신이 점점 강해진다.

미적분의 발달사만 해도 그렇다. 뉴턴과 라이프니츠는 미적분이 중대한 역할을 맡게 되리라는 사실을 예감했다. 뉴턴은 아직 미완의 상태라 계산 과정이 매우 복잡했음에도 불구하고 미적분 계산법을 발견하자마자 이를 물리학 연구에 응용했다. 뉴턴과 라이프니츠가 미적분을 다른 분야에 직접 활용할 수 있었던 것은 그 이론의 바탕이 단순했기 때문이다. 즉 변화량을 연구한다는 것이 핵심이었다. 언제 어디에서든 변화는 꾸준히 일어난다. 변화는 수학 안에서도 발견할 수 있다. 뉴턴이 그랬던 것처럼 눈앞에 그래프 하나를 그려보라. 그게 바로 변화다. 그 뒤에 숨은 원리가 조금 추상적이긴 하지만 그렇다고 덜 중요하다는 뜻은 절대 아니다.

모든 것이 시시각각 변하고 있다는 점을 감안하면 변화량 계산법의 쓰임새가 아주 많다는 것쯤은 누구나 쉽게 추론할 수 있다. 다른 수학 분야도 마찬가지다. 확률 계산법은 처음에는 게임이나 내기 때문에 발달했다. 그것만 보면 확률을 대체 어디에 써먹을지 의문이 들 수 있다. 얼핏 확률은 설문조사나 암 치료, 범죄율과 직접적인 연관성이 없는 듯하다. 하지만 간접적으로는 아주 큰 연관성이 있다. 그런 까닭에 그토록 많은 수학자들이 100%의 확실성이 보장되지 않는 무언가를 계산하는 방법, 불확실성을 최소화할 수 있는 방법을 연구하며 확률 이론을 발달시켰다.

불확실성은 곳곳에 널려 있다. 따라서 불확실성을 수학적으로 예측할 방도만 알면 이를 이용해 세상을 한층 더 깊이 연구할 수 있다. 그러나 확률 계산법을 실전에 활용하기까지의 과정은 녹록지 않았다. 설문조사의 정확도를 수학적으로 계산해낼 때까지는 무려 몇 세기가 걸렸다. 내가 하고 싶은 말의 요지는 이러한 실용성이 우연히 탄생한 게 아니라는 점이다. 수학자들이 불확실성이라는 분야에 눈을 뜨고 문제 해결에 착수한 결과, 실생활 속의 구체적인 불확실성에 대처하는 방법에 관한 활발한 연구가 시작되지 않았던가.

그래프이론의 발달사도 수학의 실용성이 우연의 산물이 아니라는 것을 입증한다. 오일러의 대표 연구 분야 중 하나인 그래프이론은 쾨니히스베르크의 강 위에 놓인 다리 7개를 한 번씩만 건너서 이동하라는, 재미는 있지만 조금은 엉뚱한 퀴즈에서 출발했다. 물론 퀴즈 자체만으로는 유용성이 별로 높아 보이지 않는다. 수학적 관점에서는 완벽하지 않은 방법으로 시내를 어슬렁거리다 방금 건넌 다리를 또 건넌들 무슨 문제가 되겠는가? 더구나 그 뒤에 숨은 원리가 뭔지도 쉽게 파악되지 않는다. 도심 산책이 지하철 노선도나 검색엔진과 도대체 무슨 관련이 있단 말인가? 그렇지만 시야를 조금만 넓히면 그래프이론의 유용성을 찾아낼 수 있다. 오일러는 다양한 지점이 어떻게 연결되어 있는지를 도식, 즉 네트워크로 구현했다. 그리고 우리 일상은 생각보다 많은 네트워크로 가득 차 있다.

지금이 네트워크의 시대라는 것은 부인할 수 없는 현실이다. SNS를 비롯해 관련 사례는 무수히 많다. 그래프이론을 적용하면 교통망을 더욱 효율적으로 구성할 수 있다. 철도망을 정확히 파악해야 빈틈없고 효율적인 운행 시각표를 짤 수 있다. 영화나 드라마를 시청할 수 있는 각종 네트워크 서비스를 제공하고, 서로 영향을 끼치는 유전자들의 네트워크를 작성하게 된 것도 그래프이론 덕분이다. 그래프이론은 네트워크의 특성을 집대성하고 요약한 개론쯤이라 할 수 있다. 그 개론이 다방면에서 큰 활약을 펼치며 재주를 부리고 있는 셈이다.

수학의 다양한 이론을 추상적이라고 할 수도 있겠지만, 개중에는 우리 일상의 한 부분에서 영감을 받아 시작된 것이 꽤 많다. 그 이론들이 주변 세계를 더 많이 알아가는 데 큰 도움을 주는 것은 어찌 보면 필연적인 귀결이다. 수학은 유용한 학문이다. 수학이 유용한 학문이어야 할 타당성도 충분하다.

수학의 마법

:

지금까지 두 가지 거대한 의문을 다뤄봤다. 수학이 유용한 학문이라는 사실을 입증하는 역사적 근거를 살펴봤고, 그게 우연에서 비롯된 것이 아니라 노력의 산물이라는 사실도 확인했다. 그래도 왜 우리 조상들이 수학을 연구하고 싶어 했는지에 관한 의문은 여전히 남아 있다. 완전히 새로운 영역을 탐사할 때 수학이 큰 도움을 주는 것은 아니며, 품은 더 팔아야 할지 몰라도 수학 없이 그럭저럭 살아갈 수 있다. 피라항족을 포함해 2장에서 소개한 부족들을 떠올려보라. 그 사람들은 정확한 수량이나 각종 도형, 변화량 계산법을 몰라도 작은 부락 안에서 평화롭고 조화롭게 잘만 살고 있다. 누가 기계 제작법을 시범 삼아 보여주면 그들도 제작 과정을 별 무리 없이 따라 한다.

복잡한 수학 공식 없이도 기계를 만들고 건물을 세울 수 있다. 수학이 없다 해서 당장 하늘이 무너지는 것도 아니다. 다만 조금…… 아니, 많이 불편할 뿐이다!

수학은 현실과 구조가 비슷하기 때문에 실생활 속의 복잡한 문제들을 해결하고, 이로써 쓸모가 많은 학문이라는 명성을 얻었다. 수학은 현실을 단순하게 정리해준다. 현실은 대개 몹시 복잡하고 다양한 디테일로 이뤄져 있지만, 수학을 투입하는 순간 디테일은 무시한 채 수학적 구조에만 집중하면 된다. 예를 들어 눈앞에 빵 무더기가 2개 있다. 한쪽에는 빵이 21개가 있고 다른 한쪽에는 22개가 있다. 언뜻 봐선 둘 중 어느 쪽에 22개가 있는지 단번에 알아맞히기가 쉽지 않다. 하지만 그 빵들을 각각 한 줄로 늘어놓으면 금세 판별할 수 있다. 그게 바로 수학이 우리 삶에 도움이 되는 이유이자 원리다.

일기예보 얘기로 돌아가보자. 예전에는 수학 없이도 내일의 기상 상황을 예측할 수 있었다. 기나긴 세월 동안 그렇게 해왔다. 현재의 기상 상황을 세밀하게 관찰한 뒤 그 상황이 내일은 어떻게 달라질지 유추한 것이다. 예를 들어 동풍이 불고 습도가 매우 높다면 곧 비가 오리라 예상할 수 있다. 그렇지만 지금 날씨와 조금 뒤의 날씨 사이의 미세한 차이나 변화를 직접 관찰하기란 쉽지 않다. 많은 것들이 지나치게 빨리 변하기 때문에 전부 꼼꼼하게 관찰하고 기록하기에는 시간이 부족하다. 그 모든 정보를 일일이 기록해서 두툼한 책을 만들고 100년 뒤에까지 이를 참고한다 해도, 내일의 날씨나 주간 날씨를 예측하는 데 아주 큰 도움은 되지 못한다.

그러나 수학을 이용하면 일기예보에 필요한 핵심 요소에만 집중할 수 있다. 현재 대기의 흐름이나 시간에 따른 변화 등을 토대로 내일의 실제 날씨에 가까운 예보를 내보내는 게 가능해진다. 컴퓨터를 이용하면 당연히 더 편리하고 정확하다. 컴퓨터로 수학적 연산을 하지 않을 경우, 그 많은 공식을 이용해 내일의 날씨나 주간 날씨를 정확하게 예측하기란 불가능에 가까우며 결과적으로 정확성도 떨어진다. 그러나 컴퓨터가 미적분 연산을 시작하는 순간, 정확도는 눈에 띄게 상승곡선을 그린다. 미적분이 없었다면 제아무리 성능이 뛰어난 컴퓨터를 동원해도 지금만큼 정확한 일기예보는 불가능했을 것이다.

수학은 우리에게 큰 도움을 주는 든든한 벗이다. 문제를 더욱 명쾌하고 납득 가능한 방식으로 풀어주기 때문이다. 미적분이 유용한 이유도 수학 세계와 현실 세계의 구조가 거의 일치하기 때문이다. 그 일치성 덕분에 우리는 몇몇 디테일을 무시할 수 있게 되었다. 때로는 일기예보에 필요한 중대 요소들을 분석하기 위해 잠시 시간을 멈춰야 할 경우도 있다. 직종별, 능력별, 직위별 차이가 큰 것은 알지만 국민들의 평균수입이나 정치적 성향을 파악하기 위해 그 차이를 일단 무시해야 할 때도 있다. 그래야 상황을 단순화할 수 있기 때문이다.

이런 방식으로 수학은 다양한 분야에 큰 도움을 주고 있다. 아예 다른 방식을 따를 때도 있다. 완전히 새로운 명제를 제시해 답을 알려주는 것이다. 그 사례들은 1장에서 확인했다. 거듭 강조하지만, 수학 덕분에 물리학이 세상을 깜짝 놀라게 만든 쾌거를 올린 적은 한두 번이 아니다.

지금껏 보지 못한 기이한 존재나 현상을 발견한 디랙과 프레넬에게 자신들의 이론을 입증할 수 있는 물꼬를 터준 것도 수학이었다. 대포알이 날아가는 거리를 계산하는 사례처럼 두 학자도 자신들이 관찰한 현상만으로는 결과를 확신할 수 없었다. 대포의 경우, 대포알이 앞쪽으로 날아간다는 사실은 누구나 알고 있다. 하지만 디랙과 프레넬의 연구 분야, 즉 입자물리학과 빛의 파동 이론 분야에서는 도무지 납득할 수 없는 현상이 종종 일어나곤 했다. 그 분야에서도 수학은 빛을 발했다. 납득할 수 없는 새로운 현상도 수학 덕분에 가능의 영역에 자리한다는 사실을 입증할 수 있었던 것이다.

자꾸 되풀이해서 미안하지만, 수학은 분명 멋진 학문이며 이 평가는 거저 얻은 것이 아니다. 그런데 수학은 어떻게 그렇게 엄청난 마법을 부릴 수 있을까? 솔직히 나도 잘 모르겠다. 수학이 이토록 유용한 학문이라는 사실 뒤에 숨은 비밀은 여전히 베일에 가려져 있다. 이제 우리는 수학이 어떤 식으로 문제를 단순화하는지에 관해서는 많이 알게 되었다. 그러나 수학이 장차 새로운 이론 개발에 어떤 식으로 기여할지는 잘 모른다. 수학은 앞으로 또 어떤 획기적이고 참신한 발견에 기여하게 될까? 이번에도 답은 모르겠지만, 그렇다고 수학의 고유한 위상이 낮아지는 것은 절대 아니다.

일상생활에 큰 도움을 주는 든든한 벗

:

수학계의 새로운 지식은 학술 분야에서 탄생한다. 우리 같은 보통 사람들은 신통방통한 수학 이론을 스스로 발견해야겠다는 야망을 어지간해선 품지 않는다. 그러나 책상 앞 수학이든 실험실 속 수학이든 둘 다 우리 일상에 많은 도움을 주는 것은 확실하다. 수학이 세상을 더 또렷이, 더 선명히 이해하게 해주기 때문이다. 특정 수학 분야를 콕 집어 적극적으로 활용하지 않더라도 그 사실은 변하지 않는다. 아마 성인이 된 후로는 적분 문제를 한 번도 풀지 않은 사람이 훨씬 많을 것이다. 고등학생 때야 칠판에 적힌 공식을 눈에 불을 켜고 뚫어져라 쳐다봤겠지만 그게 끝이다. 우리 대부분은 그 공식들 없이도 잘 살고 있다. 그런데도 왜 나는 수학을 좀 더 알아둬야 한다고 이렇게 목청을 높이고 있을까?

우리가 매일 파고들지는 않지만 우리 삶에 큰 영향을 끼치는 분야는 수학 말고도 수두룩하다. 자동차나 정치를 예로 들어보자. 둘 다 우리 삶과 아주 밀접한 분야다. 자동차가 없었다면 멀리 떨어진 어디에 가고 싶을 때 얼마나 불편했을까? 우리가 날마다 소비하는 상품들을 어떻게 우리 집 주변 마트에 진열할 수 있었을까? 정치도 그렇다. 정치에 직접 참여할 일은 많지 않지만 정치적 결정은 개개인의 삶을 강력하게 뒤흔든다. 자동차와 정치, 이 둘은 분명 우리 삶과 밀접한 관련이 있다. 그러니 그 둘에 관해 속속들이 꿰뚫고 있어야 할까?

자동차 전문가가 아니더라도 운전은 할 수 있다. 엔진 구조를 몰라도 차는 몰 수 있다. 운전자의 유일한 관심사는 차가 잘 굴러가느냐 하는 것뿐이다. 휘발유나 경유 같은 연소엔진에서 전기차로 갈아탄다고 해서 삶이 송두리째 뒤집어지진 않는다. 그래도 차는 굴러가고 경제도 전기차 이전 시대와 비슷하게 돌아간다. 물론 전기가 더 친환경적이라는 차이는 있다. 그렇다고 그 차이가 운전자나 자동차 업계를 근본적으로 뒤바꾸는 것은 아니다.

그런데 정치로 눈길을 돌리면 얘기가 좀 달라진다. 민주주의 정권이 권위주의 정권으로 넘어갈 경우에는 확연한 차이가 느껴진다. 그보다 더 미시적인 변화도 우리 일상에 영향을 끼친다. 예컨대 어떤 법안이 통과되느냐 부결되느냐에 따라 국민들이 체감할 수 있는 차이가 발생한다. 학생들에게 자국의 정치제도와 사회를 돌아가게 만드는 각종 시스템을 괜히 가르치는 게 아니다. 때로는 나와 거리가 먼 얘기처럼 느껴지겠지만, 그럼에도 정치 시스템이 작동하는 방식을 반드시 조금은 알아둬야 할 필요가 있다. 내 삶과 직접적인 연관이 없어 보이는 데다 날마다 접할 일은 없다 해도, 정치판이 어떻게 돌아가고 있는지, 왜 그렇게 돌아가야만 하는지 등을 알아둘 필요조차 없는 것은 아니다.

수학도 영역마다 차이는 있지만 알아두면 좋은, 아니 반드시 조금은 알아둬야 할 학문 중 하나다. 그런데 집합처럼 매우 이론적인 분야는 실생활과 큰 관련이 없다. 이 책에서 집합 이론을 다루지 않은 이유도 그 때문이다. 자주 활용하는 수학의 갈래들 사이에도 웬만큼 알아두면 좋은 분야와 아예 몰라도 되는 분야가 있다. 미적분은 우리 삶에 큰 도움을 주고 영향력을 발휘하는 학문임에 틀림없지만, 어떤 면에서는 자동차나 정치와 비슷하다. 변화량을 계산할 수 있는 새로운 방법을 발견해 미적분을 대체한다고 해도 내 삶과는 아무 상관이 없다. 사실 미적분에도 다양한 종류가 있는데, 그중 어떤 것을 투입하는지는 중요하지 않다. 어떤 종류의 미적분을 써도 지금과 비슷한 정확도의 일기예보, 유사한 형태의 건물, 똑같은 선거 여론조사 결과가 나오기 때문이다. 우리에게 중요한 것은 결과의 정확도와 그에 대한 만족도가 높아야 한다는 사실뿐이다. 어떻게 그렇게 높은 정확도에 도달했는지까지 세세히 알 필요는 없다.

그런데 말을 바꿔서 미안하지만, 미적분은 워낙 다재다능한 친구이기 때문에 속속들이 알아둬서 나쁠 건 없다. 다양한 직종에서 미적분 지식을 요구하기도 하거니와, 현대사회의 발전에도 지대하게 공헌한 학문이기 때문이다. 5장에서 수학 지식을 역사에 관한 지식에 살짝 빗댄 적이 있다. 역사를 어느 정도는 알아야 내가 속한 사회가 발달해온 과정과 지금 왜 이런 모습인지를 이해할 수 있기 때문이다. 미적분도 그와 비슷하다. 뉴턴과 라이프니츠의 이론은 인류 역사상 막강한 위력을 지닌 수학적 발견이었다. 비록 구체적인 계산 과정이 우리 일상과는 직접 관련이 없다 해도, 그 사실만으로도 미적분을 조금은 알아두어야 할 이유가 충분하다.

통계도 우리 일상에 두루 영향을 미치는 학문 갈래다. 평균수입 증가율만 해도 산출 방식에 따라 결과에 큰 차이가 발생하며, 그 차이는 구성원들의 사회적 가치관을 뒤흔든다. 남녀의 임금격차나 학술 연구의 정확도를 묻는 조사 또한 계산 방식에 따라 큰 편차를 보인다. 모든 과정이 투명하고 공명정대하게 진행되기만 한다면 통계수치는 큰 도움이 될 수 있다. 방대한 양의 정보를 한눈에 파악하고, 무심코 놓치기 쉬운 전체 맥락을 읽게 해주기 때문이다. 문제는 많은 통계수치들이 투명성이나 공명정대함과 거리가 멀다는 것이다. 통계가 거짓말을 하는 경우는 너무도 많다. 계산 과정이 허술했거나 의도적으로 조작됐을 때도 있다. 어느 쪽이든 중요한 점은 그 수치들이 현실을 왜곡한다는 사실이다.

설문조사를 어떤 방식으로 진행하느냐, 설문지를 어떻게 구성하느냐, 무슨 기준으로 평균값을 산출하느냐 등의 문제는 매우 중요하다. 그 모든 요소가 사회상이나 개인의 가치관 정립에 큰 영향을 끼치기 때문이다. 어떤 판단을 내리기 위해 수집하는 정보의 정확도도 따져봐야 한다. 나만의 의견을 얻고 싶다면 각종 통계수치에 비판적 잣대를 들이댈 수 있어야 한다. 비판적 시각으로 정치를 바라보고, 정치인들의 말을 덮어놓고 맹신하는 태도를 지양하는 것과 비슷한 이치다. 그러려면 약간의 수학적 지식을 반드시 탑재해야 한다. 스스로 무언가를 계산하라는 말이 아니다. 적어도 함정이 어디에 있는지는 알아야 하니 수학 실력을 조금은 다져두자는 뜻이다. 왜냐고? 통계는 우리 일상생활과 아주 많은 관련이 있으니까!

그래프이론으로 이야기를 마무리할까 한다. 그래프이론도 우리 삶에 엄청난 영향을 미치며 그 강도는 나날이 높아지고 있다. 구글,

페이스북 같은 기업체들은 그래프이론을 통해 각 사용자에게 어떤 맞춤형 정보를 보여줄지 결정한다. 이 점만 봐도 그래프이론이 통계보다 더 중요하다고 할 수 있다. 만약 어느 날 갑자기 구글의 그래프 활용 방식이 바뀐다면 우리가 접하는 정보의 내용도 하루아침에 180도 달라질 것이다. 이로 인해 우리는 그릇된 인식을 갖게 되거나 그것과 반대되는 이야기는 거들떠보지도 않을 수 있다. 지금도 그런 현상을 흔히 볼 수 있다. 의견이나 성향이 자신과 비슷한 이들이 올린 글만 읽으며 확증편향에 빠지는 것이다.

그래프이론을 알면 내가 어떤 검색어를 입력했을 때 구글 같은 포털 사이트들이 왜 특정 웹사이트를 맨 위에 띄우는지 알 수 있다. 뜻하지 않게 유출된 개인정보를 어떤 용도로 활용하는지도 그래프이론으로 추적할 수 있다. 구글, 페이스북 등은 자신들이 수집한 정보로 대체 무슨 짓을 하고 있을까? 그 정보에 대한 열람권은 누가 쥐고 있을까? 어떤 개인정보를 자동으로 수집하고 있을까? 죄다 오늘날 우리 모두가 궁금해 하는 질문들이다. 그 비밀을 풀려면 수학이 필요하다. 수학 실력이 있어야 어디까지가 가능의 영역이고 어디부터가 불가능의 영역인지, 인공지능이 어떻게 작동하는지, 위험 요인은 어디에 도사리고 있는지 따위를 판단할 수 있기 때문이다.

그러나 모든 것을 일일이 체크할 만큼 여유로운 사람은 많지 않다. 나와 관련 있다고 판단되는 모든 숫자의 정확도를 검증하고 인공지능 분야의 최신 소식을 업데이트하면서 생계유지를 위한 경제활동까지 병행할 수 있는 이는 아무도 없다. 다행히 그럴 필요도 없다. 기본적인 수학 실력만으로도 많은 것을 알 수 있기 때문이다. 아무리 봐도 미심쩍은 연구 결과나 수상쩍은 설문조사 결과를 요모조모 뜯어보고, 내 개인정보 중 어떤 것은 안심하고 입력하고 어떤 것은 비공개로 설정할지 결정하는 것이다. 약간의 수학 실력만으로도 내 데이터를 누가 어떤 용도로 활용하는지 들여다볼 수 있다.

수학, 그중에서도 특히 우리가 골치 아프다고 생각하는 수학 분야들에 관한 지식을 우리 뇌에 조금만 장착하면 세상을 훨씬 투명하게 조명할 수 있다. 매일 무언가를 계산할 필요는 없지만, 또 이건 열다섯 살 때의 나에게 전해주고 싶은 말이기도 하지만, 우리가 날마다 마주치는 모든 것의 기초가 바로 수학이다. 수학의 기본 원리를 이해하고 나면 기괴한 모양의 건물이나 일기예보, 방대한 데이터를 분석해서 나온 설문조사 결과나 각종 예측치, 검색엔진과 인공지능 등을 훨씬 제대로 통찰할 수 있다.

나날이 복잡해지는 요즘 같은 시대에 그 중심을 꿰뚫어보려면 다재다능한 도구 하나쯤은 반드시 갖춰야 한다. 수학이 바로 그런 팔방미인 같은 존재다. 게다가 수학은, 감히 단언하건대 우리 생각보다 훨씬 정복하기 쉬운 학문 영역이다!

참고 문헌

- Barner, D., Thalwitz, D., Wood, J., et al. (2007). On the relation between the acquisition of singularplural morpho-syntax and the conceptual distinction between one and more than one. *Developmental Science* 10(3): 365–373.
- Batterman, R. (2009). On the explanatory role of mathematics in empirical science. *The British Journal for the Philosophy of Science*: 1–25.
- Bauchau, O., & Craig, J. (2009). *Structural Analysis: With Applications to Aerospace Structures.* Dordrecht, Springer.
- Bianchini, M., Gori, M., & Scarselli, F. (2005). Inside PageRank. *ACM Transactions on Internet Technology* 5(1): 92–128.
- Boyer, C. (1970). The History of the Calculus. *The Two-Year College Mathematics Journal* 1(1): 60–86.

- Brin, S., & Page, L. (1998). The Anatomy of a Large-Scale Hypertextual Web Search Engine. *Computer Networks and ISDN Systems* 30: 107–117.
- Bueno, O., & Colyvan, M. (2011). An Inferential Conception of the Application of Mathematics. *Noûs* 45(2): 345–374.
- Buijsman, S. (2019). Learning the Natural Numbers as a Child. *Noûs* 53(1): 3–22.
- Burton, D. (2011). *The History of Mathematics: An Introduction*, 7th edition. New York: McGraw-Hill.
- Carey, S. (2009). Where Our Number Concepts Come From. *Journal of Philosophy* 106(4): 220–254.
- Cartwright, B., & Collett, T. (1982). How Honey Bees Use Landmarks to Guide Their Return to a Food Source. *Nature* 295: 560–564.
- Chemla, K. (1997). What Is at Stake in Mathematical Proofs from Third-Century China? *Science in Context* 10(2): 227–251.
- Chemla, K. (2003). Generality Above Abstraction: The General Expressed in Terms of the Paradigmatic in Mathematics in Ancient China. *Science in Context* 16(3): 413–458.
- Cheng, K. (1986). A Purely Geometric Module in the Rat's Spatial Representation. *Cognition* 23: 149–178.
- Christensen, H. (2015). Banking on Better Forecasts: The New Maths of Weather Prediction. *The Guardian*, January 8, 2015. Online at https://www.theguardian.com/science/alexs-adventures-in-numberland/2015/jan/08/

banking-forecasts-maths-weather-predictionstochastic-processes

- Colyvan, M. (2001). The Miracle of Applied Mathematics. *Synthese* 127(3): 265–278.
- Cullen, C. (2002). Learning from Liu Hui? A Different Way to Do Mathematics. *Notices of the AMS* 49(7): 783–790.
- Dehaene, S., Bossini, S., & Giraux, P. (1993). The Mental Representation of Parity and Number Magnitude. *Journal of Experimental Psychology: General* 122: 371–396.
- Dehaene, S., Izard, V., Pica, P., et al. (2006). Core Knowledge of Geometry in an Amazonian Indigene Group. *Science* 311: 381–384.
- Doeller, C., Barry, C., & Burgess, S. (2010). Evidence for Grid Cells in a Human Memory Network. *Nature* 463: 657–661.
- Dorato, M. (2005). The Laws of Nature and The Effectiveness of Mathematics. In: *The Role of Mathematics in Physical Sciences*. Dordrecht, Springer: 131–144.
- Edwards, C. (1979). *The Historical Development of the Calculus*. Dordrecht, Springer.
- Englund, R. (2000). Hard Work—Where Will It Get You? Labor Management in Ur III Mesopotamia. *Journal of Near Eastern Studies* 50(4): 255–280.
- Ekstrom, A., Kahana, M., Caplan, J., et al. (2003). Cellular Networks Underlying Human Spatial Navigation. *Nature* 425: 184–187.

- Epstein, R., & Kanwisher, N. (1998). A Cortical Representation of the Local Visual Environment. *Nature* 392: 598–601.
- Everett, D. (2005). Cultural Constraints on Grammar and Cognition in Pirahã: Another Look at the Design Features of Human Language. *Current Anthropology* 46(4): 621–646.
- Ezzamel, M., & Hoskin, K. (2002). Retheorizing Accounting, Writing and Money with Evidence from Mesopotamia and Ancient Egypt. *Critical Perspectives on Accounting* 13: 333–367.
- Feigenson, L., & Carey, S. (2003). Tracking Individuals via Object-Files: Evidence from Infants' Manual Search. *Developmental Science* 6(5): 568–584.
- Feigenson, L., Carey, S., & Hauser, M. (2002). The Representations Underlying Infants' Choice of More: Object Files versus Analog Magnitudes. *Psychological Science* 13(2): 150–156.
- Feigenson, L., Dehaene, S., & Spelke, E. (2004). Core systems of Number. *Trends in Cognitive Sciences* 8(7): 307–314.
- Ferreirós, J. (2015). *Mathematical Knowledge and the Interplay of Practices*. Princeton, Princeton University Press.
- Fias, W., & Fischer, M. (2005). Spatial Representation of Number. In: Campbell, J. (ed.), *Handbook of Mathematical Cognition*. New York, Psychology Press: 43–54.
- Fias, W., Van Dijck, J., & Gevers, W. (2011). How Is Number Associated with Space? The Role of Working Memory. In: Dehaene, S., & Brannon, E.

(eds), *Space, Time and Number in the Brain: Searching for the Foundations of Mathematical Thought*. Amsterdam, Elsevier Science: 133–148.

- Fienberg, S. (1992). A Brief History of Statistics in Three and One-Half Chapters: A Review Essay. *Statistical Science* 7(2): 208–225.
- Fischer, R. (1956). Mathematics of a Lady Tasting Tea. In: Newman, J. (ed.), *The World of Mathematics*, bk. III, vol. VIII, Statistics and Design of Experiments. New York, Simon & Schuster: 1514–1521.
- Franceschet, M. (2011). PageRank: Standing on the Shoulders of Giants. *Communications of the ACM* 54(6): 92–101.
- Frank, M., Everett, D., Fedorenko, E., et al. (2008). Number as a Cognitive Technology: Evidence from Pirahã Language and Cognition. *Cognition* 108: 819–824.
- Freedman, D. (1999). From Association to Causation: Some Remarks on the History of Statistics. *Journal de la société française de statistique* 140(3): 5–32.
- Fresnel, A. (1831). Über das Gesetz der Modifi cationen, welche die Reflexion dem polarisirten Lichte einprägt. *Annalen der Physik* 98(5): 90–126.
- Geisberger, R., Sanders, P., Schultes, D., & Delling, D. (2008). Contraction Hierarchies: Faster and Simpler Hierarchical Routing in Road Networks. In: McGeoch, C. C. (ed.), *Experimental Algorithms*. WEA 2008. Lecture Notes in Computer Science, vol. 5038. Heidelberg, Springer Berlin: 319–333.
- Gleich, D. (2015). PageRank Beyond the Web. *SIAM Review* 57(3): 321–363.

- Gordon, P. (2004). Numerical Cognition without Words: Evidence from Amazonia. *Science* 306: 496–499.
- Gori, M., & Pucci, A. (2007). ItemRank: A Random-Walk Based Scoring Algorithm for Recommender Engines. *IJCAI–07 Proceedings of the 20th International Joint Conference on Artificial Intelligence*: 2766–2771.
- Hamming, R. (1980). The Unreasonable Effectiveness of Mathematics. *American Mathematical Monthly* 87(2): 81–90.
- Hensley, S. (2008). Too Much Safety Makes Kids Fat. *Wall Street Journal*, August 13, 2008. Online at https://blogs.wsj.com/health/2008/08/13/too-much-safety-makeskids-fat/
- Hermer, L., & Spelke, E. (1994). A Geometric Process for Spatial Reorientation in Young Children. *Nature* 370: 57–59.
- Hodgkin, L. (2005). *A History of Mathematics: From Mesopotamia to Modernity*. Oxford, Oxford University Press.
- Høyrup, J. (2001). Early Mesopotamia: A Statal Society Shaped by and Shaping Its Mathematics. Contribution to *Les mathématiques et l'état*, CIRM Luniny, October 15–19, 2001. Photocopy, Roskilde University. Online at http://akira.ruc.dk/~jensh/Publications/2001%7BK%7D04_Luminy.pdf
- Høyrup, J. (2007). The Roles of Mesopotamian Bronze Age Mathematics: Tool for State Formation and Administration — Carrier of Teachers' Professional Intellectual Autonomy. *Educational Studies in Mathematics* 66: 257–271.

- Høyrup, J. (2014a). A Hypothetical History of Old Babylonian Mathematics: Places, Passages, Stages, Development. *Ganita Bharati* 34: 1–23.
- Høyrup, J. (2014b). Written Mathematical Traditions in Ancient Mesopotamia: Knowledge, Ignorance, and Reasonable Guesses. In: Bawanypeck, D., & Imhausen, A. (eds), *Traditions of Written Knowledge in Ancient Egypt and Mesopotamia*. Proceedings of two workshops held at Goethe University, Frankfurt/Main, December 2011 and May 2012. Münster, Ugarit-Verlag: 189–213.
- Huff, D. (1956). *Wie lügt man mit Statistik*. Zürich, Sansoussi Verlag.
- Imhausen, A. (2003a). Calculating the Daily Bread: Rations in Theory and Practice. *Historia Mathematica* 30: 3–16.
- Imhausen, A. (2003b). Egyptian Mathematical Texts and Their Contexts. *Science in Context* 16(3): 367–389.
- Imhausen, A. (2006). Ancient Egyptian Mathematics: New Perspectives on Old Sources. *The Mathematical Intelligencer* 28(1): 19–27.
- Izard, V., Pica, P., Spelke, E., et al. (2011). *Proceedings of the National Academy of Sciences* 108(24): 9782–9787.
- Kennedy, C., Blumenthal, M., Clement, S., et al. (2017). An Evaluation of 2016 Election Polls in the U.S. *American Association for Public Opinion Research*, report published May 4, 2017. Online at https://www.aapor.org/Education-Resources/Reports/An-Evaluation-of-2016-Election-Polls-in-the-U-S.aspx

- Kleiner, I. (2001). History of the Infi nitely Small and the Infinitely Large in Calculus. *Educational Studies in Mathematics* 48: 137–174.
- Langville, A., & Meyer, C. (2004). Deeper Inside PageRank. *Internet Mathematics* 1(3): 335–380.
- Lax, P., & Terrell, M. (2014). *Calculus With Applications*. Dordrecht, Springer.
- Lee, S., Spelke, E., & Vallortigara, G. (2012). Chicks, like Children, Spontaneously Reorient by Three-Dimensional Environmental Geometry, Not by Image Matching. *Biology Letters* 8(4): 492–494.
- Li, P., Ogura, T., Barner, D., et al. (2009). Does the Conceptual Distinction Between Singular and Plural Sets Depend on Language? *Developmental Psychology* 45(6): 1644–1653.
- Lützen, J. (2011). The Physical Origin of Physically Useful Mathematics. *Interdisciplinary Science Reviews* 36(3): 229–243.
- Madden, D., & Keri, A. (2009). The Mathematics behind Polling. Online at http://math.arizona.edu/~jwatkins/505d/Lesson_12.pdf
- Malet, A. (2006). Renaissance Notions of Number and Magnitude. *Historia Mathematica* 33: 63–81.
- Melville, D. (2002). Ration Computations at Fara: Multiplication or Repeated Addition? In: Steele, J., & Imhausen, A. (eds), *Under One Sky: Astronomy and Mathematics in the Ancient Near East*. Münster, Ugarit-Verlag: 237–252.
- Melville, D. (2004). Poles and Walls in Mesopotamia and Egypt. *Historia*

Mathematica 31: 148–162.

- Mercer, A., Deane, C., & McGeeny, K. (2016). Why 2016 Election Polls Missed Their Mark. *Pew Research Center*, November 9, 2016. Online at http://www.pewresearch.org/fact-tank/2016/11/09/why-2016election-polls-missed-their-mark/
- Morrisson, J., Breitling, R., Higham, D., et al. (2005). GeneRank: Using Search Engine Technology for the Analysis of Microarray Experiments. *BMC Bioinformatics* 6: 233.
- Negen, J., & Sarnecka, B. (2012). Number-Concept Acquisition and General Vocabulary Development. *Child Development* 83(6): 2019–2027.
- Nuerk, H., Moeller, K., & Willmes, K. (2015). Multi-digit Number Processing: Overview, Conceptual Clarifi cations, and Language Influences. In: Kadosh, C., Dowker, A. (eds), *The Oxford Handbook of Numerical Cognition*. Oxford, Oxford University Press: 106–139.
- Núñez, R. (2017). Is There Really an Evolved Capacity for Number? *Trends in Cognitive Sciences* 21: 409–424.
- Owens, K. (2001a). Indigenous Mathematics: A Rich Diversity. In: *Proceedings of the Eighteenth Biennial Conference of The Australian Association of Mathematics Teachers*. Australian Association of Mathematics Teachers Inc., Adelaide: 157–167.
- Owens, K. (2001b). The Work of Glendon Lean on the Counting Systems of Papua New Guinea and Oceania. *Mathematics Education Research Journal* 13

(1): 47–71.

- Owens, K. (2012). Papua New Guinea Indigenous Knowledges About Mathematical Concept. *Journal of Mathematics and Culture* 6(1): 20–50.
- Owens, K. (2015). *Visuospatial Reasoning: An Ecocultural Perspective for Space, Geometry and Measurement Education*. Cham, Springer International Publishing.
- Pica, P., Lemer, C., Izard, V., et al. (2004). Exact and Approximate Arithmetic in an Amazonian Indigene Group. *Science* 306(5695): 499–503.
- Pincock, C. (2004). A New Perspective on the Problem of Applying Mathematics. *Philosophia Mathematica* 12(2): 135–161.
- Pucci, A., Gori, M., & Maggini, M. (2006). A Random-Walk Based Scoring Algorithm Applied to Recommender Engines. In: Nasraoui, O., Spiliopoulou, M., Srivastava, J., et al. (eds), *Advances in Web Mining and Web Usage Analysis*. WebKDD 2006. Lecture Notes in Computer Science, vol. 4811. Heidelberg, Springer Berlin: 127–146.
- Radford, L. (2008). Culture and Cognition: Towards an Anthropology of Mathematical Thinking. In: English, L. (ed.), *Handbook of International Research in Mathematics Education*, 2nd edition. New York, Routledge: 439–464.
- Rice, M., & Tsotras, V. (2012). Bidirectional A* Search with Additive Approximation Bounds. In: *Proceedings of the Fifth Annual Symposium on Combinational Search*. SOCS 2012.

- Ritter, J. (2000). Egyptian Mathematics. In: Selin, H. (ed.), *Mathematics Across Cultures: The History of Non-Western Mathematics*. Dordrecht, Kluwer Academic Publishers: 115–136.
- Robson, E. (2000). The Uses of Mathematics in Ancient Iraq, 6000–600 BC. In: Selin, H. (ed.), *Mathematics Across Cultures: The History of Non-Western Mathematics*. Dordrecht, Kluwer Academic Publishers: 93–113.
- Robson, E. (2002). More Than Metrology: Mathematics Education in an Old Babylonian Scribal School. In: Imhausen, A., & Steele, J. (eds), *Under One Sky: Mathematics and Astronomy in the Ancient Near East*. Münster, Ugarit-Verlag: 325–365.
- Sanders, P., & Schultes, D. (2012). Engineering Highway Hierarchies. *Journal of Experimental Algorithms* 17: 1–6.
- Sarnecka, B., Kamenskaya, V., Yamana, Y., et al. (2007). From Grammatical Number to Exact Numbers: Early Meanings of One, Two, and Three in English, Russian, and Japanese. *Cognitive Psychology* 55: 136–168.
- Sarnecka, B., & Lee, M. (2009). Levels of Number Knowledge During Early Childhood. *Journal of Experimental Child Psychology* 103: 325–337.
- Schlote, A., Crisostomi, E., Kirkland, S., et al. (2012). Traffic Modelling Framework for Electric Vehicles. *International Journal of Control* 85(7): 880–897.
- Schrijver, A. (2008). Wiskunde achter het spoorboekje. *Pythagoras* 48(2): 8–12.

- Shafer, G. (1990). The Unity and Diversity of Probability. *Statistical Science* 5 (4): 435–562.
- Shaki, S., & Fischer, M. (2008). Reading Space into Numbers: A Cross-Linguistic Comparison of the SNARC Effect. *Cognition* 108: 590–599.
- Shaki, S., & Fischer, M. (2012). Multiple Spatial Mappings in Numerical Cognition. *Journal of Experimental Psychology: Human Perception and Performance* 38(3): 804–809.
- Spelke, E. (2011). Natural Number and Natural Geometry. In: Brannon, E., & Dehaene, S. (eds), *Space Time and Number in the Brain: Searching for the Foundations of Mathematical Thought Attention & Performance* XXIV. Oxford, Oxford University Press: 287–317.
- Steiner, M. (1998). *The Applicability of Mathematics as a Philosophical Problem*. Cambridge, MA: Harvard University Press.
- Stigler, S. (1986). *The History of Statistics: The Measurement of Uncertainty before 1900*. Cambridge, MA: Harvard University Press.
- Syrett, K., Musolino, J., & Gelman, R. (2012). How Can Syntax Support Number Word Acquisition? *Language Learning and Development* 8: 146–176.
- Tabak, J. (2004). *Probability and Statistics: The Science of Uncertainty*. New York, Facts on File.
- *The Economist* (2017a). Crime and Despair in Baltimore: As America Gets Safer, Maryland's Biggest City Does Not. *The Economist*, June 29, 2017. Online at https://www.economist.com/unitedstates/2017/06/29/crime-and-

despair-in-baltimore

- *The Economist* (2017b). The Gender Pay Gap: Women Still Earn a Lot Less than Men, Despite Decades of Equal-Pay Laws. Why? *The Economist*, October 7, 2017. Online at https://www.economist.com/international/2017/10/07/the-gender-pay-gap
- *The Economist* (2018). The Average American is Much Better Off Now Than Four Decades Ago: Estimates of Income Growth Vary Greatly Depending on Methodology. *The Economist*, March 31, 2018. Online at https://www.economist.com/finance-andeconomics/2018/03/31/the-average-american-is-much-better-offnow-than-four-decades-ago
- Vargas, J., López, J., Salas, C., et al. (2004). Encoding of Geometric and Featural Spatial Information by Goldfish*(Carassius auratus)*. *Journal of Comparative Psychology* 118(2): 206–216.
- Wang, F., & Spelke, E. (2002). Human Spatial Representation: Insights from Animals. *Trends in Cognitive Science* 6(9): 376–382.
- Wassman, J., & Dasen, P. (1994). Yupno Number System and Counting. *Journal of Cross-Cultural Psychology* 25(1): 78–94.
- Wigner, E. P. (1960). The Unreasonable Effectiveness of Mathematics in the Natural Sciences. *Communications on Pure and Applied Mathematics* 13(1): 1–14.
- Wilson, M. (2000). The Unreasonable Uncooperativeness of Mathematics in the Natural Sciences. *The Monist* 83(2): 296–314.

- Winter, C., Kristiansen, G., Kersting, S., et al. (2012). Google Goes Cancer: Improving Outcome Prediction for Cancer Patients by Network-Based Ranking of Marker Genes. *PLoS Computational Biology* 8(5): e1002511.
- Wynn, K. (1992). Addition and Subtraction by Human Infants. *Nature* 358: 749–750.
- Xu, W. (2003). Numerosity Discrimination in Infants: Evidence for Two Systems of Representations. *Cognition* 89: B15–B25.

수학이 만만해지는 책

초판 1쇄 발행 2021년 4월 16일
초판 4쇄 발행 2022년 12월 5일

지은이 스테판 바위스만 **옮긴이** 강희진

발행인 이재진 **단행본사업본부장** 신동해 **편집장** 김경림
책임편집 송현주 **교정교열** 김미경 **디자인** 김종민
마케팅 최혜진 **홍보** 반여진 최새롬 정지연
국제업무 김은정 **제작** 정석훈

브랜드 웅진지식하우스
주소 경기도 파주시 회동길 20
문의전화 031-956-7066(편집) 031-956-7567(마케팅)
홈페이지 www.wjbooks.co.kr
페이스북 www.facebook.com/wjbook
포스트 post.naver.com/wj_booking

발행처 ㈜웅진씽크빅 **출판신고** 1980년 3월 29일 제 406-2007-000046호

ISBN 978-89-01-24978-0 03410